VOLAILLES

LAPINS ET ABEILLES

Envoi franco, joindre un mandat-poste à la demande.

ÉLECTRICITÉ

Accumulateurs électriques, par F. CACHEUX [50 figures] ..... 4 »
Câbles d'éclairage électrique, par St. A. RUSSEL ..... 6 »
Catéchisme d'électricité pratique, par ST-EDME 2 50
Compteurs d'électricité, par E. COUSTET [56 fig.] 2 50
Dynamo-électriques [Les machines] par P. CLEMENCEAU [116 fig.] ..... 5 »
Electrolyse et Electrométallurgie, par JAPING [36 fig.] 4 50
Electricité [l'] dans la maison moderne [185 fig.] par COUSTET 4 50
Galvanoplastie, dorure, argenture, par BRUNEL ..... 4 »
Horlogerie électrique, par TOBLER [65 fig.] 3 »
Ingénieur électricien [Aide-Mémoire de l'] par JUPPONT, cart. ..... 6 »
Lampes électriques, par D'URBANITZSKY.. 4 50
Lumière électrique [Manuel pratique de l'installation de la] par ANNEY, 2 vol. :
Installations privées [135 fig.] ..... 5 »
Stations centrales [99 fig. et 10 pl.]... 7 »
Monteur électricien, [Manuel pratique du] par P. LAFFARGUE [500 fig. et pl. en couleurs], cart ..... 9 »
Piles électriques, par HAUCK [80 fig.] 4 50
Sonneries électriques, par G. FOURNIER [59 fig.] 2 50
Téléphone [Manuel pratique du] 2 vol. :
Installations privées par SCHWARTZE [135 fig.] ..... 5 »
Téléphonie industrielle à grande distance, par WIETLISBACH [123 fig.].. 4 »
Transport de la force par l'électricité, par DEPREZ [49 fig.] ..... 5 »

INDUSTRIES-ARTS-ET-MÉTIERS

Acétylène [L'] par DOMMER [140 fig.] 4 50
Aérostation [Manuel d'] par de FONVIELLE 5 »
Agriculture — Petite encyclopédie d'Agriculture publiée sous la direction de M. A. LARBALÉTRIER. 12 vol. ..... 18 »
Les engrais 1.50. Drainage des terres 1.50. Elevage du bétail 1.50. Jardinage pratique [fleurs et légumes] 1,50 — Lait, beurre et fromage 3 fr. — Céréales et fourrages 1,50. — Arbres fruitiers et Vigne 3 fr. — Cidre et poiré 1.50.— Volailles, lapins, abeilles 1,50 — Machines agricoles, constructions rurales 3 fr. — Distilleries agricoles (alcool) 3 fr. — Conservation des aliments 3 fr.
Aluminium par Ad. MINET. 2 vol. :
Fabrication [38 fig.] 4 50
Alliages, emplois récents 4 50
Ammoniaque [Fabrication de l'] par TRUCHOT ..... 6 »
Architectes et Entrepreneurs [Carnet Formulaire des] par C. SÉE, cart 4 50
Arpentage et Levé de Plans, par DALLET [73 figures] ..... 4 »
Automobiles [Manuel du chauffeur-conducteur d'] par FARMAN ..... 3 »
Automobiles (Manuel du constructeur d') par M. FARMAN, in-16 et atlas in-4..... 9
Bière [Fabrication de la] par BOULIN [17 fig. et 1 pl.] 9
Bois [Conservation des] par P. DUMESNY 1 50
Bougies, Savons et Chandelles, par DROUX et LARUE, in-8 et atlas, cart 20
Briquetier, Tuilier, par LEJEUNE [219 fig.]. 8
Catéchisme des Chauffeurs-Mécaniciens.... 1 50
Chaux, Ciments Plâtres, par LEJEUNE [59 figures] 5
Chocolat [Fabrication du], par L. DE BELFORT [45 figures] 4 50
Cordes, Ficelles et Filins [Fabrication des] par Alf. RENOUARD [44 figures] 10
Principes de Chimie par MENDÉLÉEF [2 vol. cart. toile] 15
Corps gras, par VILLON [23 figures] 6
Couleurs, Essences et Vernis, par R. LEMOINE et Ch. du MANOIR in-8 6
Distillateur [Manuel du], par ROBINET.... 5
Eaux [Analyse des], par FABRE DOMERGUE [10 figures] 1 50
Encres et cirages [Fabrication des], par DESMAREST 5
Filets de pêche [Fabrication des], par VANNETELLE [65 figures] 3
Géodésie, par DALLET 4
Graissage des Machines, par THURSTON 4
Ingénieur [Carnet formulaire de l'] par LACROIX, 52e édition, cart 5
Laminage du fer par NEVEU et HENRY 1 vol. e atlas 40
Matières colorantes artificielles, par MAMY 1.50
Meunerie (Manuel de), par L. DE BELFORT (58 figures) 6
Or, par DE LA COUX 5
Parfumeur (Guide du), par ASKINSON, (30 fig.) 6
Photographie (Encyclopédie de l'amateur photographe), par G. Brunel, Reyner Chaux et Forest, 10 vol. in-16 20
Choix du Matériel, Le Sujet. Temps de pose, Clichés négatifs. Epreuves positives, Insuccès et Retouches, Photographie en plein air. Portrait dans les appartements, Photographie en couleurs, Agrandissements et projections, Objectifs et stéréoscopie.
Chaque volume se vend séparément..... 2
Savonnier [Manuel du] par CALMELS [20 fig.] 4 »
Soie [Fabrication de la] par VILLON [67 fig.] 6 0
Sondages [Petit traité de] par E. LIPPMANN 4 »
Sucre [Manuel du Fabricant de], par BOUSLIN [30 figures] ..... 6 »
Teinturier [Manuel pratique du] par J. HUMMEL et F. DOMMER [80 figures].... 7 50
Vinaigre [Manuel de la Fabrication du] par Ch. FRANCHE [29 fig.] 4 50
Vins rouges, vins blancs, etc., par ROBINET [50 figures] ..... 5 »
Vins mousseux, par ROBINET [56 figures].. 5 »
Vins, Analyse [des], par ROBINET [36 fig.] 5 »

COLLECTION BERNARD TIGNOL

PETITE ENCYCLOPÉDIE D'AGRICULTURE
Publiée sous la direction de M. A. Larbalétrier. M.A. *.
TOME X

VOLAILLES

LAPINS ET ABEILLES

PAR

E. PARADIS
Maître de Conférences de Zoologie agricole à l'École nationale d'agriculture de Rennes

A. MONTOUX
Directeur de l'École d'agriculture de Grand-Jouan,
Chevalier du Mérite agricole

NOUVEAU TIRAGE

PARIS
GAUTHIER-VILLARS ET Cie, ÉDITEURS
LIBRAIRES DU BUREAU DES LONGITUDES, DE L'ÉCOLE POLYTECHNIQUE
55, Quai des Grands-Augustins, 55

1923

PRÉFACE

L'élevage des animaux de basse-cour et celui des abeilles constituent des branches très-importantes de l'économie rurale. Contrairement à ce qui a lieu pour le gros bétail, on peut s'y livrer quelque peu dans toutes les situations et avec une très faible mise de fonds. En outre on en retire toujours grand profit, à telle enseigne dans bon nombre d'exploitations rurales les produits de la basse-cour suffisent parfois pour payer le fermage.

La valeur totale des animaux de basse-cour en France est actuellement voisine de 170 millions de francs. Ce chiffre, quoique déjà élevé, pourrait être facilement doublé si l'élevage des animaux de basse-cour était rationnellement conduit. C'est pourquoi nous ne saurions trop remercier notre excellent ami Paradis d'avoir bien voulu rédiger pour la « Petite Encyclopédie d'agriculture » toute la partie de ce livre ayant trait aux Volailles et aux Lapins. C'est d'ailleurs le résumé du cours si intéressant que le distingué conférencier, professe depuis de longues années à l'Ecole nationale d'agriculture de Rennes.

M. A. Montoux, le non moins sympathique Directeur de l'Ecole d'agriculture de Grand-Jouan s'est chargé de tout ce qui a trait aux Abeilles, partie non moins remarquable, qui a d'ailleurs été couronnée par l'Association bretonne (médaille de bronze, 1896).

Malgré l'intérêt indéniable qui s'attache à ces deux œuvres si originales et si essentiellement pratiques, nous avons cru utile d'en rehausser encore la valeur par une illustration appropriée qui parle aux yeux autant que le texte parle à l'esprit.

A ce sujet nous devons encore des remerciments aux habiles aviculteurs qui ont eu l'amabilité de mettre gracieusement à notre disposition la plupart des clichés intercalés dans le texte, notamment MM. Perpigna, Delmas, Philippe, etc., ainsi qu'à M. L. Numa, qui a bien voulu dessiner spécialement pour cet ouvrage, quelques compositions originales non moins réussies.

Tel qu'il est, et étant donné le soin avec lequel cet ouvrage a été exécuté, étant donnée aussi la compétence des auteurs, nous croyons qu'il rendra de signalés services aux nombreux amis de l'agriculture qui ont fait si bon accueil aux précédents volumes de notre « Petite Encyclopédie d'Agriculture ».

A. LARBALÉTRIER.

PREMIÈRE PARTIE

Volailles

CHAPITRE PREMIER

CONSIDÉRATIONS GÉNÉRALES

L'élevage des animaux de basse-cour présente pour le cultivateur un intérêt considérable. Il fournit sans grands frais un revenu assez important qui pourrait, comme nous le verrons, être très largement surpassé. Si nous en référons aux dernières statistiques, la valeur totale des animaux de basse-cour serait en France de 166 millions et demi de francs environ pour une population de :

Poules	54.102.985	têtes
Oies.	3.519.741	—
Canards.	3.683.727	—
Dindons.	1.968.142	—
Pintades	300.509	—
Pigeons.	8.091.004	—
Lapins	14.936.071	—

La même statistique nous apprend que la valeur totale des produits livrés à la consommation, tant française qu'étrangère, par l'agriculture s'élève à plus de 316 millions de francs. C'est là un chiffre déjà élevé mais qui pourrait être grandi encore par l'emploi de bonnes méthodes d'élevage.

Si l'on interroge une fermière sur la production de sa basse-cour, souvent elle répondra qu'elle ne lui rapporte rien ou à peu près rien et malheureusement cela est presque toujours vrai. Si elle entretient des poules c'est pour avoir des œufs qui servent à varier la nourriture des habitants de la ferme ou qui sont vendus de temps à autre avec les quelques poulets qu'elle élève. Elle se procure ainsi au fur et à mesure l'argent nécessaire pour les dépenses courantes du ménage.

Examinons un instant les conditions dans lesquelles ces volailles sont placées. Elles vaquent çà et là autour de la ferme au grand désespoir du cultivateur dont elles ravagent parfois les semis. De temps à autre il leur est distribué avec parcimonie une nourriture de mauvaise qualité qu'il leur faut compléter ailleurs. Elles sont situées dans des conditions hygiéniques déplorables. Souvent pas de local pour les abriter pendant la nuit, pas de poulailler. Heureux lorsqu'on veut bien leur abandonner un petit réduit mal aménagé, où la fiente s'accumule et où elles n'entrent qu'à regret. La vermine y pullule et les maladies y règnent à l'état endémique. Voilà ce qu'on observe encore en beaucoup de points et il n'y a rien d'étonnant à ce que dans ces conditions les produits soient faibles.

On ne saurait trop réagir contre cette tendance au laisser aller. Si la plus grande partie des volailles élevées en France est consommée à l'intérieur du pays, il ne faut pas oublier que nous sommes aussi exportateurs et que une bonne portion de nos poulardes et de nos œufs prennent chaque année le chemin de l'étranger, particulièrement de l'Angleterre. Or, à prix de vente égal, il saute aux yeux que nous sommes à ce point de vue les mieux placés. La distance est moindre et conséquemment les frais de transport plus réduits. Si nous considérons d'autre part que la consommation de la viande va en augmentant de jour en jour, nous en déduirons que les débouchés nous sont largement ouverts et que nous pouvons augmenter, presque doubler sans crainte les chiffres cités dans la première page de cet ouvrage. D'autant plus que dans une exploitation agricole bien comprise, la nourriture coûte relativement peu. La basse-cour tirera profit des déchets de nos greniers et en y ajoutant quelques herbes provenant des sarclages, nous constituerons une ration alimentaire d'un prix faible.

Si l'amélioration de nos races animales de grande taille marche aujourd'hui à pas de géant il n'en est pas de même pour celles qui nous occupent en ce moment et pourquoi ? La réponse est difficile à donner. On ne peut en accuser que la routine si difficile à déraciner chez la majorité de nos cultivateurs.

Nous entendons tous les jours leurs doléances au sujet de la crise qui sévit depuis de trop longues années sur l'agriculture en général. Que font-ils pour la combattre? Bien peu de chose. Ils ne devraient laisser de côté aucune branche de production si faible soit-elle. Le moindre bénéfice obtenu par l'élevage des petits animaux serait chez eux le bienvenu et leur viendrait en aide.

L'élevage de la volaille rentre dans cette catégorie et s'ils y apportaient quelque attention, ils seraient largement payés de leurs soins. Qu'y aurait-il à faire pour cela ? Peu de chose aussi.

En premier lieu s'impose un choix judicieux des reproducteurs tant mâles que femelles. Il faut non seulement chercher à faire bien, mais aussi à faire vite : c'est une condition de succès. Il faut par conséquent chercher à obtenir des volailles d'un fort développement dans un temps relativement court. Il faut en somme arriver chez nos oiseaux de basse-cour à obtenir la précocité comme on l'a réalisée chez nos bœufs Charolais, nos Limousins. Ce n'est pas à cela qu'on vise d'habitude. Les premiers poulets bons à vendre, les plus précoces des couvées par conséquent, sont infailliblement portés au marché dans l'espoir d'en obtenir un prix plus élevé.

Passe encore pour ceux qui ont un vice de conformation ou dont la taille est réduite, mais pour les autres on conviendra sans peine que c'est là une mauvaise spéculation. Gardés et employés dans la suite comme reproducteurs, ils auraient transmis à leurs descendants les qualités qui les ont fait distinguer. C'est là un premier point qui a, on ne saurait trop le répéter, une importance capitale.

Non seulement la sélection s'impose chez les reproducteurs, mais elle s'impose aussi avec non moins d'intensité pour les œufs. Il est connu de tous ceux qui ont pu se livrer à l'élevage ou qui ont pu l'observer que toutes les poules, fussent-elles de même race, ne pondent pas des œufs de même poids. Il est certain que des œufs de dimensions plus fortes, renfermant une plus grande proportion de substances nutritives, donneront naissance à des poulets de plus fort poids. ou se développant davantage. Mais d'autre part nous exportons des œufs et on exige, en Angleterre notamment, qu'ils atteignent un poids minimum, 60 grammes. Nos poules sont loin de donner toutes des œufs de cette dimension. La sélection viendrait ici à notre secours et en ne livrant à l'incubation que les plus forts on arriverait en peu d'années à obtenir ce poids minimum exigé dans les pays importateurs.

Enfin il faut bien se pénétrer de ce fait, que la poule comme tout autre animal, ne produit qu'en raison de la nourriture qu'elle reçoit. Mauvaise nourriture, produit faible ; bonne nourriture, produit plus élevé. Cessons donc ces distributions parcimonieuses et trop rares et ne regardons pas à quelques litres de grain ou à quelques heures passées à préparer la provende de nos volailles. Nous serons largement payés de ce travail. La question hygiénique joue également un grand rôle ; nous verrons par la suite ce qu'il y a à faire à ce sujet et de quel idéal nous devons chercher à nous rapprocher (Voir chapitre III du Poulailler).

En suivant ces quelques indications, forcément incomplètes, la fermière tirerait de sa basse-cour un produit beaucoup plus élevé et sa façon de voir à cet égard changerait en peu de temps.

CHAPITRE II

CLASSIFICATION DES RACES GALLINES. — DESCRIPTION

Origine. — Bien que les auteurs soient loin d'être d'accord sur les origines du coq domestique, nous admettrons ici avec un certain nombre d'entre eux qu'il descend d'espèces sauvages que l'on rencontre encore aujourd'hui en certaines contrées. Ce type primitif a subi sous l'influence des diverses conditions de milieu dans lesquelles il s'est trouvé placé des modifications nombreuses. De là la multitude de races et de variétés que l'on décrit aujourd'hui.

Les espèces sauvages actuellement connues sont au nombre de quatre ou cinq parmi lesquelles on peut citer :

1° Le *coq Bankiva* (*Gallus Bankiva* ou *G. ferrugineus*) habitant les jungles de l'Asie méridionale et centrale.

2° Le *coq de Sonnerat* (*G. Sonneratii*) plus particulièrement localisé dans l'Inde.

3° Le *coq de Stanley (G. Stanleyii, G. Lafayettii)*, dans l'île de Ceylan.

4° Le *coq tacheté.* (*G. varius, G. furcatus*) habitant Java.

Il semble qu'il faille plutôt prendre comme point de départ de nos races actuelles le coq Bankiva, pour les raisons suivantes :

Le coq de Sonnerat et le coq tacheté présentent dans leurs formes extérieures des caractères différentiels qui nous engagent à les exclure.

Le coq de Stanley s'accouple avec la poule domestique,

mais les produits qui en résultent sont inféconds ; ce sont de véritables hybrides. Quant au coq Bankiva, il donne dans les mêmes conditions non des hybrides, mais des métis indéfiniment féconds. Ses formes extérieures, sa coloration le rapprochent d'autre part beaucoup du coq commun et nous pouvons, avec beaucoup de probabilités, le considérer comme la forme ancestrale du groupe d'oiseaux dont nous nous occupons en ce moment.

Comme il a été dit précédemment, le coq Bankiva qui du reste varie déjà quant à la coloration dans la zone qu'il habite, s'est répandu peu à peu. Par suite de cette dispersion, sous l'influence de la domestication, l'oiseau s'est transformé, de nouveaux caractères se sont montrés et se sont perpétués.

L'homme a joué un grand rôle dans la création de nouvelles races en s'attachant par sélection à conserver, à exagérer même certaines particularités qu'il jugeait avantageuses ou qui donnaient à l'oiseau un plus bel aspect.

Chez les uns, il a augmenté la taille, l'ampleur des formes ; chez d'autres il l'a réduite ; chez d'autres encore il a uniformisé les diverses teintes du plumage, créant ainsi les variétés de coloris dont le nombre est énorme.

Classification. — Les caractères différentiels permettant de distinguer les unes des autres ces diverses races, sont tellement nombreux qu'il est difficile de fournir une classification raisonnée. Jusqu'à nos jours les auteurs se contentaient, faute de pouvoir faire mieux, de les diviser en races d'*agrément* et races de *profit*, races *françaises* et *étrangères*.

Reprenant les travaux de Boucher, le regretté professeur Cornevin de l'Ecole vétérinaire de Lyon a enfin établi une nouvelle classification basée sur les caractères morphologiques des races gallines. Interprétée d'autre façon, cette classification m'a permis d'établir la faune ci-jointe au moyen de laquelle le débutant en aviculture, l'amateur même arriveront en peu de temps à la détermination de la race qui se trouve sous leurs yeux.

Un exemple fera comprendre le maniement de cette faune qui est du reste en tout semblable à celui d'une flore dont se servent les botanistes pour reconnaître leurs plantes.

Supposons que nous sommes en présence d'un coq de race Cochinchinoise ; nous prenons la faune et en tête nous trouvons :

1 { *Des vertèbres coccygiennes, une queue plus ou moins développée...* **2**
{ Pas de vertèbres coccygiennes ; pas de queue............... 52

Dans notre cas, il y a une queue, rudimentaire : nous sommes donc renvoyés au § 2, ce que nous indique le chiffre placé en regard de la ligne que nous avons choisie. Nous nous y reportons :

2 { *Quatre doigts aux membres postérieurs*........................ **3**
{ Cinq doigts aux membres postérieurs........................ 46

Le coq Cochinchinois n'ayant que quatre doigts nous allons comme il nous est indiqué au § 3.

3 { *Une crête seulement sur la tête*.............................. **4**
{ Une huppe ou un épi seuls ou accompagnés d'une crête....... 37

Après examen nous nous reportons au § 4.

4 { Tarses nus.. 5
{ *Tarses emplumés*.. 33

La dernière ligne étant applicable ; nous cherchons le § 33 qui nous donne :

33 { *Crête simple et dentée*.................................. **34**
{ Crète lobée, grande stature; queue avec deux faucilles en fourche.
Race de Brahmapootra..................................

En continuant ainsi nous rencontrons successivement.

34 { *Grande stature*.. **35**
{ Formes naines.. 36

35 Tarses couleur chair, peu emplumés, queue courte. *R. Coucou de Malines*..
Tarses noirs ou gris foncé, peu emplumés. *R. de Laugshan*...
Tarses jaunes, doigts emplumés, queue rudimentaire. R. Cochinchinoise..

Rien n'est donc plus facile que d'arriver de cette façon à la détermination des races.

Il est à peine besoin de faire remarquer que cette faune ne peut donner des indications précises que lorsqu'il s'agit de races pures. Cependant, lorsqu'il s'agit de croisements, on peut arriver par suite du mélange des caractères à discerner les races qui ont servi à les effectuer.

Faune.

Faune synoptique pour la détermination des Races Gallines d'après la classification de Cornevin.

1 Des vertèbres coccygiennes ; une queue plus ou moins développée.. 2
Pas de vertèbres coccygiennes ; pas de queue................ 52
2 Quatre doigts aux membres postérieurs...................... 3
Cinq doigts aux membres postérieurs........................ 46
3 Une crête seulement sur la tête.............................. 4
Une huppe ou un épi seuls ou accompagnés d'une crête...... 37
4 Tarses nus.. 5
Tarses emplumés.. 33
5 Pas de plumes formant cravate........................ 6
Une cravate.. 31
6 Crête simple et dentée plus ou moins profondément.......... 7
Crête simple, non dentée, tout au plus lobée................ 20
Crête fraisée.. 24
7 Cou emplumé sur toute sa longueur.......................... 8
Cou dépourvu de plumes dans sa moitié supérieure : *Race de Transylvanie*..
8 Taille forte.. 9
Taille moyenne ou un peu au dessous........................ 12
Taille moyenne avec tarses rudimentaires . *Races Courtes pattes*..
Taillle petite.. 18
9 Crête droite dans les deux sexes........................ 10
Crête droite chez le coq, renversée chez la poule............ 11
10 Oreillons rouges assez développés ; tarses jaunes ; queue courte : *Race de Plymouth-Rock*..

11 { Oreillons blancs et rouges, moyens ; tarses gris bleuâtre : *Race d'Elberfeld*.
Oreillons petits, rouges ; tarses blanc rosé : *Race Coucou de Rennes*.
Oreillons blancs ; tarses ardoisés : *Race de Barbezieux*.

12 { Port très redressé ; corps longiligne ; bec puissant : *Race de Combat*.
Port ordinaire. 13

13 { Crête droite dans les deux sexes. 14
Crête droite chez le coq, renversée chez la poule. 15

14 { Oreillons rouges ; tarses gris : *Race commune*.
Oreillons rouges ; tarses rosés : *Race Coucou d'Ecosse*.

15 { Oreillons blancs. 16
Oreillons rouges : *Race de Gournay*.

16 { Joues rouges. 17
Joues blanches : *Race Espagnole*.

17 { Tarses gris bleuâtre ; plumage varié : *Race de Brækel*.
Tarses gris bleuâtre ; plumage blanc : *Race de Ramelsohe*.
Tarses noirs : *Race de Minorque*.
Tarses gris noir ; longs : *Race andalouse*.
Tarses gris et minces : *Race bressane*.
Tarses jaunes : *Race de Leghorn*.

18 { Port redressé ; tarses verdâtres : *Race naine de Combat*.
Port ordinaire. 19

19 { Tarses très courts et jaunes : *Race de Nangasaki*.
Tarses roses : *Race Scoth-Grey bantam*.
Plumage soyeux : *Race soyeuse*.

20 { Taille moyenne. 21
Taille au-dessous de la moyenne ; queue traînante : *Race de Sumatra*.

21 { Port redressé. 22
Port tendant à l'horizontale. 23

22 { Tarses jaunes ; queue petite et inclinée : *Race Malaise*.
Tarses gris plombé ; oreillons et barbillons lie de vin : *Race de Bruges*.

23 { Oreillons rouges ; tarses jaunes ; queue très longue : *Race de Yokohama*.
Queue longue au maximum ; couleurs vives et variées : *Race Phœnix*.

24 { Plumage frisé. 25
Plumage ordinaire. 26

25 { Stature ordinaire : *Race frisée du Chili*.
Stature naine : *Petite race frisée*.

26 { Stature forte. 27
Stature moyenne. 28
Stature moyenne, tarses rudimentaires ; *Race Campine Courtes pattes*.
Formes naines. 30

27 Crête horizontale { Tarses gris ; oreillons blancs : *Race du Mans.*
Tarses jaunes ; oreillons rouges : *Race Wyandotte*.................................

28 Crête plaquée horizontalement.. 29
Crête projetée sur les yeux : *Race Red Cap*..................

29 Oreillons blancs ; tarses gris : *Race de Hambourg*.............
Oreillons rouges ; tarses jaunes : *Race de Dominique*...........
Oreillons rouges ; petites plumes raides autour de l'œil : *Race d'Orpington*...

30 Oreillons rouges ; queue sans faucilles : *Race de Sebright*......
Oreillons blancs ; queue avec faucilles : *Race Bantam*..........

31 Crête simple et dentée... 32
Crête fraisée ; cravate, barbe et favoris : *Race barbue d'Anvers.*

32 Cravate confondue avec barbe et favoris : *Race Cosaque*.......
Cravate, barbe et favoris distincts : *Race de Mantes*...........

33 Crête simple et dentée... 34
Crête lobée ; grande stature ; queue avec deux faucilles en fourche : *Race Brahmapootra*...................................

34 Grande stature.. 35
Formes naines... 36

35 Tarses couleur chair, peu emplumés ; queue courte : *Race Coucou de Malines*..
Tarses noirs ou gris foncé, peu emplumés : *Race de Langshan*..
Tarses jaunes ; doigts emplumés ; queue rudimentaire : *Race Cochinchinoise*...

36 Plumage fauve ; caractères de la Cochinchinoise : *Race naine de Pékin*..
Tarses blanc rosé ; fortes manchettes ; queue bien développée : *Race Bantam pattu*...

37 Tarses nus.. 38
Tarses emplumés... 45

38 Une huppe sans crête.. 39
Une huppe ou un épi et une crête.. 42

39 Stature moyenne... 40
Formes naines... 41

40 Plumage à disposition normale { Pas de cravate ; barbillons bien développés : *Race Hollandaise*.......................................
Une cravate ; barbillons rudimentaires : *Race de Padoue*..
Plumage frisé ; caractères de la Padoue : *Race de Padoue frisé*..

41 Caractères de la hollandaise ; plumage blanc : *Race hollandaise naine*..
Caractères de la Padoue : *Race Padoue naine*.....................

42 Forte stature... 43
Stature au dessous de la moyenne : *Race Faisane*...............

43 Pas de cravate.. 44
Une cravate : *Race de Crèvecœur*...................................

44	Crête à deux cornes : *Race de la Flèche*............................	
	Crête lobée, quelquefois en gobelet : *Race de Caumont*........	
45	Stature moyenne — Petit épi ; crête rudimentaire : *Race de Bréda*......	
	Stature moyenne — Huppe étirée en arrière ; crête bicorne : *Race de Plarmigan*..	
46	Une crête seulement..	47
	Une huppe ou un épi seuls ou avec une crête.................	50
47	Crête simple	48
	Crête fraisée ; forte stature : *Race de Dorking fraisé*...........	
48	Taille forte : *Race de Dorking*..	
	Stature moyenne ou au dessus	49
49	Tarses nus ; pas de cravate : *Race Flamande*.....................	
	Tarses emplumés ; une cravate : *Race de Faverolles*...........	
50	Taille ordinaire ; peau blanche..	51
	Taille au-dessous de la moyenne ; peau noire : *Race nègre*.....	
51	Tarses nus : crête lobée ou en gobelet ; huppe : *Race de Houdan*.	
	Tarses emplumés ; crête bicorne ; huppe : *Race Sultane*.........	
52	Quatre doigts aux membres postérieurs................................	53
	Cinq doigts aux membres postérieurs..................................	54
53	Une crête — Taille ordinaire : *Race Wallikiki*..........................	
	Une crête — Taille naine : *Race Sabot*.................................	
54	Une huppe ; taille petite : *Race huppée sans queue*.............	

Le cadre de cet ouvrage ne nous permettant pas de donner la description de toutes les races énumérées dans la faune précédente, nous nous contenterons de passer en revue les principales en choisissant de préférence celles qui sont le plus répandues ou celles qu'il serait désirable vu leurs qualités, de voir prendre de l'extension.

Race commune. — Cette race (fig. 1) constitue encore aujourd'hui la majorité de la population galline française. Si on lui reproche certains défauts on ne peut méconnaître qu'elle présente cependant des qualités qui justifient sa conservation. D'une rusticité à toute épreuve, elle fournit un assez grand nombre d'œufs, couve bien et prend grand soin de ses petits pendant les premières semaines de leur vie. La taille est moyenne, la crête grande et bien dentée surtout chez le coq, est portée droite dans les deux sexes. La queue du mâle est ornée de grandes plumes (*faucilles*) gracieusement recourbées. Les pattes ont une teinte uniformément grise. Sa coloration est tout ce qu'il y a de plus variable : le blanc, le noir, le rouge, le gris s'y montrent seuls ou mélangés de façons diverses suivant les

Fig. 1. — Poule de race commune.

contrées où on l'examine. Elle manque de précocité, son développement est assez long, une sélection intelligente la transformerait sous ce rapport en peu de temps.

Race de la Bresse. — Cette race (fig. 2) doit son nom à l'ancienne province française où on la trouve à peu près exclusivement. Ses qualités en tant que ponte et finesse de chair lui en ont fait franchir les limites et aujourd'hui elle tend, avec juste raison, à prendre de plus en plus d'importance.

La taille est moyenne, mais la finesse du squelette permet la production d'une quantité de viande relativement forte. Cette chair fine d'un goût exquis justifie la réputation que possèdent depuis longtemps les chapons et poulardes de la Bresse.

La crête d'un bon développement est simple, régulièrement dentée, portée droite chez le mâle, renversée chez la femelle. Les oreillons presque toujours d'un blanc pur sont parfois cependant sablés de rouge. Poule excellente pondeuse et bonne couveuse fournissant des œufs d'un poids moyen ou un peu au-dessus

On connaît deux variétés principales de cette race : la variété de *Bourg* et celle de *Louhans*. La première a le

Fig. 2. — Poule de la Bresse.

plumage *caillouté*, c'est-à-dire formé par un mélange de plumes blanches et noires en proportions variables. Le blanc toutefois semble dominer surtout chez le coq.

La variété de Louhans est uniformément noire avec reflets métalliques brillants chez le coq. C'est la plus belle et la plus répandue aujourd'hui.

On rencontre encore mais en moins forte proportion des Bresse *blancs* et *ardoisés*.

Race de Leghorn. — Originaire d'Amérique d'où elle a

été importée depuis peu. Surtout remarquable par sa ponte qui est extrêmement abondante. Médiocre couveuse, elle ne fournit d'autre part qu'une chair peu appréciée des consommateurs français qui, à tort ou à raison, refusent les volailles dont la peau a une teinte jaunâtre plus ou moins accentuée.

La crête est très forte, simple, dentée, droite chez le coq, renversée chez la poule. Le bec, les pattes sont franchement jaunes et cette coloration se rencontre sur la peau. Les oreillons ont une couleur blanc jaunâtre, *citronnée*.

On distingue dans cette race un assez grand nombre de variétés. Les plus répandues sont : les Leghorns *rouge*, *blanc*, *noir*, *coucou* et *doré*.

Race Red Cap. — D'origine anglaise, elle doit son nom à sa crête extrêmement développée projetée en avant sur les yeux et recouvrant le crâne à la façon d'un chapeau. Cette crête aplatie à sa partie supérieure est semée d'une infinité de petites pointes d'un rouge vif (*crête fraisée*). Le plumage est doré : fond jaune rougeâtre parsemé de taches noires placées le plus ordinairement à l'extrémité de chaque plume.

Renommée pour sa ponte, la grosseur de ses œufs et la qualité de sa chair. Encore peu répandue en France. Elle est du reste difficile à maintenir quant à la forme et aux dimensions de sa crête qui fournissent son caractère distinctif principal.

Race du Mans. — Volaille noire, à crête fraisée et à oreillons blancs. Est surtout recherchée pour la qualité de sa chair et son engraissement facile. Jouit à juste titre d'une grande vogue dans la région située autour de la ville dont elle a reçu le nom. Les chapons et poulardes du Mans ont une réputation qui date de loin et ne le cèdent en rien aux produits de même nature obtenus en Bresse.

Race de Mantes (fig. 3). — Plumage caillouté (blanc et noir). Sous la gorge et de chaque côté de la tête les plumes plus développées que d'habitude forment une sorte de collier (*cravate, barbe et favoris*) ; les joues toutefois sont

Fig. 3. — Poule de la race de Mantes.

dépourvues de plumes et se montrent avec une teinte d'un rouge franc. Sur la tête une crête simple, dentée.

Sélectionnée par M. Voitellier, cette race a vu en peu de temps ses aptitudes s'accroître. Elle est bonne pondeuse, couve assez bien et livre à la consommation une chair délicate. Son développement est rapide et son engraissement facile.

Race Cochinchinoise (fig. 4). — Bien que le nom donné à cette race soit impropre nous le conservons cependant parce que c'est celui par lequel on la désigne le plus ordinairement. D'origine étrangère, son importation est suffisamment récente pour qu'on ait à ce sujet des données exactes. Tous les auteurs sont d'accord pour lui donner

Fig. 4. — Coq et poule de race Cochinchinoise.

comme berceau le nord du Tonkin et le sud de la Chine, aussi Cornevin la dénomme-t-il *race de Shang-haï*. C'est dans cette région que furent pris les premiers spécimens importés en Europe ; en Angleterre d'abord en 1843, puis en France en 1846.

Elle s'y est répandue très rapidement.

L'engouement qui a accueilli cette race au moment de son apparition semble disparaître peu à peu : elle est bien moins commune aujourd'hui qu'il y a une vingtaine d'années. Cela est dû à des considérations sur lesquelles nous reviendrons dans un instant.

De taille très grande son poids quoique élevé n'est pas

toujours en rapport avec son volume. Le corps est en effet recouvert de plumes bouffantes, duveteuses, écartées de la peau. Les ailes, la queue sont peu développées, presque rudimentaires : cette dernière ne présente jamais ces grandes plumes recourbées ou faucilles que nous sommes habitués à voir chez nos coqs d'autres races. La crête simple dentée est peu développée dans les deux sexes. Le bec ainsi que les tarses sont d'un jaune franc, les oreillons et les joues rouges. Les tarses sont fortement emplumés du côté externe ; il en est de même des doigts qui portent des plumes jusqu'à leurs extrémités sauf le doigt interne qui en est dépourvu.

Pondeuse ordinaire, la poule cochinchinoise donne des œufs à coquille jaune brunâtre de forme moins allongée que ceux des races communes.

Elle en fournit un certain nombre en hiver au moment où la ponte est presque partout suspendue et où par conséquent les œufs atteignent des prix plus élevés. Si la ponte laisse un peu à désirer il n'en est pas de même de la couvaison, dont les signes se manifestent jusqu'à trois et quatre fois dans le courant de la même année.

Les poussins sont longs à s'emplumer, aussi dans la première période de leur vie qui peut se prolonger jusqu'à six semaines, il faut prendre grand soin de les soustraire aux intempéries. A partir de ce moment ils deviennent rustiques. La chair est de médiocre qualité et la fécondité baisse très rapidement à partir de la troisième année.

En résumé, cette race a pour elle sa ponte hivernale, son aptitude à la couvaison et son volume. On peut lui reprocher la qualité médiocre de sa viande et surtout le peu de rusticité des poussins pendant leur jeune âge. C'est là l'écueil contre lequel vient souvent se briser la bonne volonté des éleveurs et la cause principale de la décadence relative qu'elle subit en ce moment.

Les principales variétés sont dans l'ordre de leur importance : *Cochinchinois chamois, noir, coucou, fauve, blanc, perdrix.*

Race de Langsham. — La race de Langsham ressemble à première vue beaucoup à la précédente. Elle en a été considérée parfois comme une simple variété. Originaire de l'Asie Orientale (Tartarie chinoise) elle fut importée à une époque plus récente. On signale son introduction en Angleterre en 1872 et en France quatre années plus tard. Les premiers spécimens y furent en effet déposés au Jardin d'acclimatation en 1876 par Geoffroy St-Hilaire.

Les sujets (fig. 5) sont le plus souvent noirs, de grande taille avec une crête de même nature que celle de la race précé-

Fig. 5. — Coq et poule de Langsham.

dente, mais un peu plus grande ; oreillons et joues rouges. Tarses emplumés, mais beaucoup moins régulièrement. Le bec, les tarses sont gris, la peau de couleur blanche. La poule est bonne pondeuse, bonne mère, couve moins que la cochin. Les poussins se développent plus rapidement au moins dans la seconde phase de leur existence ;

ils sont plus précoces. En somme, cette race ne possédant pas tous les inconvénients reprochés à la race cochinchinoise doit lui être préférée. A côté de la variété *noire*, de beaucoup encore la plus répandue, les amateurs ont créé ou sont en train de constituer une variété *blanche* et une *ardoisée*.

Race de Brahma. Pootra (fig. 6). — Plus simplement *race de Brahma* Ses caractères sont les suivants : corps très ample, taille grande, tarses et doigts fortement emplumés, crête lobée, épaisse et charnue sans être fraisée, queue

Fig. 6. — Coq et poule de Brahma.

avec deux petites faucilles formant par leur écartement une sorte de V. Deux variétés : *Brahma herminé* et *Brahma inverse*.

Dans la première le blanc domine ; les plumes sont

tachées de noir seulement dans les régions supérieures. Dans la seconde c'est l'inverse : le noir domine dans le plumage.

Race plutôt d'amateur pouvant cependant par le croisement servir à élever la taille de nos poules communes.

Race de la Flèche (fig. 7). — La race de la Flèche, essentiellement française comme son nom l'indique, est une magnifique volaille d'un noir velouté avec reflets métalliques brillants surtout chez le mâle. Sa taille grande, son volume, la finesse relative de son squelette en font un oiseau d'engraissement assez facile lorsqu'il est arrivé à l'âge adulte. Sa chair d'autre part est fine, juteuse et de goût extrêmement agréable.

Fig. 7. — Coq et poule de la Flèche.

Les caractères fournis par la tête permettent de la distinguer avec la plus grande facilité.

La crête est formée par deux pointes, deux cornes coniques atteignant jusqu'à cinq centimètres de longueur chez le coq, un peu moins chez la poule. En avant, sur le milieu de la base du bec qui est noir, se rencontre une petite protubérance charnue (*bouton*). Enfin en arrière de la crête, se trouvent quelques plumes fines, droites formant un commencement de huppe ou *épi*.

La poule est bonne pondeuse, couveuse très médiocre et dit Bréchemin, cela est heureux, vu la longueur de ses pattes qui la gêneraient et seraient cause de la casse des œufs qu'on lui aurait fournis.

On lui reproche son développement tardif. L'âge adulte ne se montre guère chez elle que vers sept ou huit mois et c'est alors seulement qu'on peut la livrer à l'engraissement.

Race très rustique; s'acclimatant un peu partout et s'éloignant peu de la ferme.

Race de Crèvecœur (fig. 8). — Cette race est encore d'origine française. Elle doit son nom à un petit village des environs de Lisieux qui pendant longtemps a fourni les meilleurs sujets. Presque toujours de teinte noire, le coq Crèvecœur possède une crête bicorne assez semblable à celle du coq de La Flèche, mais d'une dimension plus grande et où chaque corne peut se ramifier. La différence essentielle réside dans la présence d'une huppe volumineuse, sphérique surtout chez la poule. Nous rencontrons également ces plumes bouffantes, situées sous la gorge et que nous avons dénommées précédemment (V. race de Mantes) cravate, barbe et favoris. Cette race présente aujourd'hui tous les attributs de la précocité. Squelette réduit ; masses charnues volumineuses, rien ne lui manque sous ce rapport. D'autre part la poule est bonne pondeuse; ses œufs sont d'une grosseur peut-être au-dessus de la moyenne. Elle couve peu. Malgré ces qualités, nous ne conseillons pas son introduction partout ; elle partage, à ce sujet nos appréhensions vis-à-vis de toutes les races huppées ou pattues amenées dans un climat humide (V. *choix d'une race*).

Fig. 8. — Coq et poule de la race de Crevecœur.

Indépendamment de la variété noire, de beaucoup la plus répandue, on trouve encore çà et là chez les amateurs, des Crèvecœur *blancs* et quelques *ardoisés*.

Race de Dorking (fig. 9). — Une des meilleures pour la production de la viande. Semblable autrefois aux volailles à cinq doigts du Nord de la France, elle a subi au commencement du XIXe siècle une transformation complète. Les Anglais, nos devanciers dans l'art des améliorations animales lui ont fait acquérir en peu d'années l'ampleur des formes et la finesse de chair qui lui manquaient jusqu'alors.

Fig. 9. — Coq de race Dorking.

De grande taille, pourvue d'une crête simple et dentée, oreillons et joues rouges, elle porte à l'extrémité de ses tarses blancs rosés, cinq doigts dirigés trois en avant et deux en arrière. Les deux doigts postérieurs sont superposés et doivent être indépendants jusqu'à leur point de départ.

Les variétés sont ici nombreuses, nous ne signalerons que les plus répandues : *grise*, *argentée* et *coucou*. La poule est bonne pondeuse. Etant donné le volume qu'atteignent rapidement les jeunes, leur poids s'élève jusqu'à cinq kilos chez le coq, un peu moins chez la poule. Cela est du reste une règle générale qui ne souffre pas d'exceptions.

L'engraissement est facile, dure peu de temps et la viande d'un goût très agréable est fine et juteuse.

Race de Houdan (fig. 10). — Cette race tire son nom

Fig. 10. — Poule de Houdan.

d'une petite ville du département de Seine-et-Oise où son élevage est en honneur depuis de longues années.

Ses qualités habilement prônées l'ont fait répandre un peu partout et il est, de nos jours, peu de localités où quelques-uns de ses caractères ne ne se rencontrent chez des sujets issus de croisements plus ou moins éloignés.

La coloration du plumage, unique dans la race est désignée par l'épithète de *caillouté*. Ce caillouté consiste dans un mélange plus ou moins régulier de noir et de blanc.

La tête assez forte, porte chez le coq une huppe assez volumineuse formée de plumes allongées blanches et noires. En avant de la huppe existe une crête de forme spéciale que M. Lemoine compare avec raison à une coquille de moule ouverte. Au milieu de deux lamelles divergentes, dentées sur leurs bords, existe un assez gros tubercule. Les barbillons de longueur moyenne sont séparés par une cravate se continuant à peine sur les faces latérales de la tête. Les joues sont nues. Chez la poule la huppe et la cravate sont plus fortes. Enfin les deux sexes ont cinq doigts aux tarses, ceux-ci sont nus et de couleur grise ou seulement rosée.

Cette volaille est recommandée pour l'excellence de sa ponte, son développement corporel et la finesse relative de son squelette. Sa chair est estimée. Elle couve assez rarement.

On recherche de préférence aujourd'hui les sujets à plumage plus foncé où le noir prédomine. Ils ont une tendance assez grande à l'albinisme et l'on est tenu à une sélection rigoureuse dans le choix des reproducteurs si l'on tient à conserver la coloration type. C'est enfin une de nos meilleures races de parquet.

Race de Faverolles (fig. 11). — Connue depuis quelques années seulement la race de Faverolles se présente à l'œil avec des caractères encore peu fixes. Elle aurait pris naissance à la suite de croisements incertains dans lesquels on aurait fait intervenir le dorking, le cochinchinois, le langsham et peut-être le houdan.

Les sujets les plus réussis sont de grande taille, à crête simple, dentée, d'un développement moyen. Ils portent cravate, barbe et favoris.

Leurs tarses à quatre ou cinq doigts sont emplumés légèrement. Les variétés sont peu nombreuses : l'une se rapproche comme teinte du plumage de celui du Dorking argenté, une autre de celui du Brahma herminé, enfin une troisième est saumonée. Elle possède une certaine vogue due à ses fortes proportions, à son développement rapide et à sa ponte.

Fig. 11. — Coq et poule de la race de Faverolles.

Autres races.

Indépendamment des races que nous venons de passer en revue il en existe encore beaucoup d'autres de moindre importance sur quelques-unes desquelles nous ne dirons que quelques mots.

Les unes ne peuvent s'élever dans toutes les conditions, les autres sont plutôt des races d'agrément. Elles sont remarquables soit par leur faible taille, leurs formes extérieures ou leur coloris. Ce ne sont pas, en un mot, des volailles de profit.

Dans cette catégorie nous classerons les races *Espagnole*, de *Hambourg*, *Hollandaise*, de *Padoue*, *Nègre*, à *cou nu*, *Bantam* et *frisée*.

La race Espagnole est noire, à très grande crête simple et dentée. Les oreillons et les joues très développés sont d'un blanc pur. Elle craint le froid, sa crête gèle parfois en hiver, d'où la nécessité de la tenir enfermée pendant les grands froids. Bonne pondeuse. On regarde comme dérivant de la race espagnole les volailles désignées sous les noms de *Race andalouse*, *race de Minorque*.

La race de *Hambourg* et sa voisine la race de *Campine* sont certainement les meilleures pondeuses que l'on puisse signaler, malheureusement leurs œufs sont très petits et n'ont dans le commerce qu'une valeur relativement faible. Elles diffèrent l'une de l'autre par la forme de la crête qui est fraisée dans la première, simple et dentée dans la seconde. On y distingue des variétés *pailletées* et des variétés *crayonnées*. Le pailleté est fourni par la présence d'une tache circulaire noire à l'extrémité de la plume. Le crayonné doit son nom à des rayures transversales noires et irrégulières. Suivant la couleur du fond le pailleté et le crayonné sont dits dorés ou argentés. Dans le pailleté doré, par exemple, le fond de la coloration est jaune rougeâtre ; dans l'argenté, il est blanc. De même pour le crayonné.

La race *Hollandaise* est de taille moyenne, elle porte sur la tête une huppe volumineuse sans crête, ses oreillons sont blancs La seule indication des variétés fournit des renseignements précis sur la teinte du plumage. On connaît des Hollandais *noirs à huppe blanche*, *bleus à huppe blanche*, *blancs à huppe noire*, etc, etc... Ces caractères sont extrêmement difficiles à maintenir et si nous ajoutons que cette race est très sensible à l'humidité, on comprendra pourquoi elle est rare et concentrée dans les poulaillers de quelques amateurs seulement.

Par ses formes extérieures la race de *Padoue* ressemble beaucoup à la précédente. Son caractère distinctif le plus saillant consiste dans la présence de cravate, barbe et favoris cachant les oreillons. Les variétés sont ici plus nombreuses. Les principales sont Padoue *argenté*, *doré*, *chamois*, *coucou*, *noir*, *blanc*, etc... Ponte moyenne, volaille peu rustique.

La race *nègre* a le plumage d'un blanc pur. Les plumes ressemblent au duvet du premier âge ; c'est un plumage soyeux. La crête mamelonnée est d'un violet noirâtre que l'on retrouve sur les oreillons. La peau ainsi que la partie superficielle des os ou périoste est noire, d'où le nom qui lui a été attribué. Taille au dessous de la moyenne sans être naine.

La race *à cou nu* ou de *Transylvanie* doit son nom à ce que le tiers supérieur du cou est entièrement dépourvu de plumes et laisse à découvert la peau d'une teinte rouge vif.

Assez peu agréable à la vue par suite de cette disposition, on la rencontre çà et là élevée plutôt comme curiosité. La dominante du plumage est le gris.

La race *Bantam* est de toute petite taille et possède de nombreuses variétés. Excellente couveuse, elle est surtout recherchée des faisandiers qui lui confient les œufs de perdrix ou de faisan destinés à leurs repeuplements. Elle prend très grand soin de ses couvées et se montre très bonne mère.

Quant à la race frisée, qu'on appelle parfois *race du Chili* quoiqu'on la rencontre un peu partout, elle est caractérisée par la disposition particulière de son plumage. Les plumes semblent fixées à rebours et s'écartent du corps au lieu de s'y appliquer. Les barbes suivent la même direction et s'enchevêtrent souvent dans tous les sens. Chez quelques sujets ces barbes font presque complètement défaut et les grandes plumes des ailes sont réduites à leur tige. Conservée également comme curiosité. Il en est de toutes teintes et de toutes tailles.

CHAPITRE III

ÉLEVAGE PROPREMENT DIT

Etablissement du poulailler.

Le *poulailler*, c'est le nom que l'on donne au local où sont logées les volailles, doit avoir des dimensions en rapport avec le nombre d'individus qu'il est destiné à contenir. Ce bâtiment construit aussi simplement que possible est quelquefois indépendant, mais le plus souvent adossé aux autres constructions de la ferme. Il doit être spacieux, bien aéré, sans toutefois que les habitants en soient exposés aux courants d'air toujours à craindre pour eux. Le sol en sera cimenté et les parois verticales tenues aussi lisses que possible pour en rendre le nettoyage plus facile. Le mobilier consistera en *juchoirs* sur lesquels les volailles se reposeront pendant la nuit et en *pondoirs* où les poules viendront déposer leurs œufs.

La question des juchoirs présente une assez grande importance. D'habitude ils sont formés d'une sorte d'échelle à barreaux arrondis de faible diamètre et superposés à une certaine distance les uns au dessus des autres. Une simple réflexion permet de juger combien cette disposition est contraire aux lois naturelles.

La poule n'est pas un oiseau percheur dans le sens propre du mot, elle aime à se reposer à une certaine hauteur au-dessus du sol, mais sur une surface un peu étendue. La mauvaise disposition des juchoirs est une des causes pour lesquelles les volailles abandonnent le poulailler et vont se percher sur les tas de fagots, les voitures, etc... d'où il est extrêmement difficile de les déloger. D'autre part l'instinct de la domination leur fait rechercher les places les plus élevées. Avec les perchoirs ordinaires, c'est à qui occupera les barreaux les plus haut placés ; d'où des combats, des luttes très préjudiciables au repos.

Les *juchoirs* devront être placés à 40 ou 50 centimètres seulement au-dessus du sol et seront disposés sur un plan unique. Ils seront formés de barres de bois ayant une largeur de 10 centimètres au moins et distantes les unes des autres de 40 à 45 centimètres. On pourra déduire, de leur nombre et de leur longueur totale, le nombre de volailles que pourra contenir le local sachant qu'une poule pour être à son aise doit disposer d'une longueur de 15 à 20 centimètres. Réciproquement, d'après ces données, on pourra calculer les dimensions approximatives d'un poulailler devant servir d'asile à un nombre déterminé d'oiseaux.

Les *pondoirs* (fig. 12) sont soit des paniers en osier, soit des caisses en planches de 25 à 30 centimètres de diamètre,

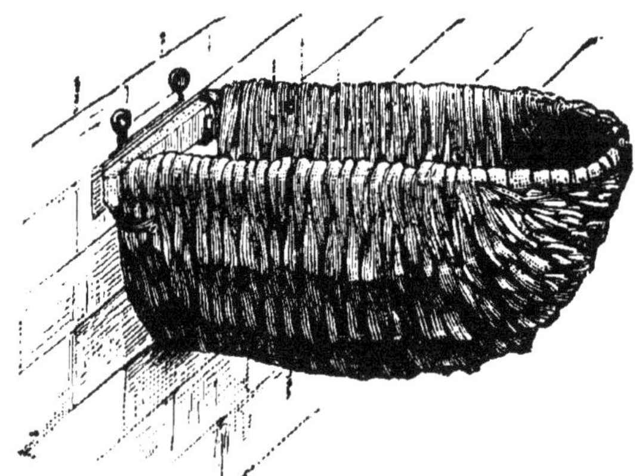

Fig. 12. — Pondoir en osier.

d'une profondeur suffisante pour que la poule y soit à son aise et qu'on puisse y établir le nid proprement dit. Il seront fixés le long des murs à une hauteur d'un mètre ou d'un mètre cinquante. Une petite échelle en permettra l'accès. On devra pouvoir les enlever facilement pour en opérer le nettoyage lorsqu'il en sera besoin. Dans chaque pondoir on placera une couche de foin bien propre ou mieux de paille coupée ou de balles d'avoine. Il est d'usage de laisser dans chaque nid un œuf pour y attirer les pondeuses. Au lieu d'un œuf naturel, mieux vaut se servir d'œufs en plâtre ou en porcelaine qui sont aujourd'hui couramment répandus dans le commerce.

Le poulailler doit être tenu dans un état de propreté constant. Chaque année, au moins une fois dans le courant de l'été, on devra procéder à un nettoyage complet. Le mobilier sera sorti, le sol lavé à grande eau d'abord, puis avec une solution au millième de sulfate de cuivre. Les murs seront blanchis à la chaux. Les juchoirs grattés pour les débarrasser des excréments qui peuvent les recouvrir recevront, étendue à l'aide d'un pinceau, une couche de la solution cuivrique indiquée plus haut. Les pondoirs seront nettoyés également et on remplacera leur contenu par un nouveau lit qu'il sera bon, du reste, de saupoudrer de poudre de pyrèthre à plusieurs reprises dans le courant de l'année.

C'est de cette façon qu'on arrivera à délivrer les volailles des parasites de toute sorte qui vivent à leurs dépens et qui sont si préjudiciables à leur développement et à leur santé.

Indépendamment de ce nettoyage complet et indispensable, chaque semaine on devra procéder à l'enlèvement des déjections qui s'amassent sur le sol. Cet engrais, *pouline* ou *poulnée*, possède une valeur fertilisante qu'on peut évaluer à environ cinq fois celle du fumier de cheval. Comme il est de consistance humide et de dessication lente on rend son enlèvement plus facile en recouvrant le sol sous les perchoirs d'une couche de matière absorbante. Cette matière peut être constituée suivant les cas et suivant ce dont on dispose par des cendres, du tan, de la sciure de bois, de la tourbe, etc..... La poulnée sera réservée pour la fertilisation du jardin, mais elle devra être employée avec réserve étant donnée sa richesse en principes actifs.

Choix d'une race.

Le poulailler étant construit d'après les principes énoncés plus haut, il faut songer à le peupler. Si l'on s'en rapportait aux différents auteurs traitant de la question, on pourrait être embarrassé dans une certaine mesure. Presque tous, soit pour une cause soit pour une autre, prônent une race unique qu'ils recommandent à l'exclusion de toutes les autres.

Cette façon d'envisager la question peut avoir son bon côté lorsqu'on fait de l'aviculture industrielle, qu'on veut se livrer à une branche spéciale de production, et encore la chose est discutable.

Il est vrai, et le lecteur n'a qu'à se reporter au chapitre de la description des races, que toutes ne pondent pas également et ne demandent pas à couver avec la même ardeur. Il est vrai également que si certaines d'entre elles sont précoces et arrivent à l'âge adulte en un court espace de temps, d'autres ne le sont pas encore et sont inférieures sous ce rapport. De sorte que si l'on veut se livrer à une production spéciale, œufs, poussins ou poulets adultes, on devra choisir les races présentant le maximum de qualités sous ce rapport.

Disons de suite que ces races perfectionnées ne sont encore élevées à l'état de pureté parfaite que par quelques producteurs et qu'elles atteignent des prix de beaucoup supérieurs à ceux que l'on est habitué de donner. Il en résulte qu'une certaine mise de fonds serait nécessaire au cultivateur qui voudrait peupler son poulailler de cette façon.

On semble oublier que la spécialisation à outrance des races animales regardée autrefois comme l'idéal à atteindre est aujourd'hui complètement rejetée. De même que la vache laitière peut fournir du lait et une forte proportion de viande, de même que le mouton est susceptible de donner à la fois et beaucoup de laine et beaucoup de viande, de même chez la poule la ponte abondante peut s'allier à une précocité suffisante et à un poids élevé.

La poule commune qui possède à un degré plus ou moins avancé ces différentes qualités pourra donc nous suffire. Conservons la avec soin ; mais exagérons dans tous les sens, si l'on peut dire, ses qualités et nous aurons réalisé notre but. Nous aurons aussi l'avantage d'avoir une race acclimatée depuis de longues années déjà et nous éviterons ainsi l'écueil contre lequel sont venus se buter bien des éleveurs : l'acclimatement.

Ce n'est pas à dire que nous devrons nous en tenir là. Si malgré tous nos soins la taille reste plutôt faible, nous pourrons nous livrer à la pratique du *croisement*. Nous choisirons des reproducteurs mâles, des coqs appartenant à une race précoce et de taille élevée : ils deviendront les sultans de notre basse-cour. Au fur et à mesure que leur fécondité s'abaissera, nous les remplacerons par de nouveaux que nous nous procurerons de la même façon, par l'achat direct aux producteurs. C'est dire que les poulets obtenus de cette façon seront tous sans exception livrés à la consommation et qu'aucun d'eux ne devra être conservé pour être employé comme reproducteur. C'est là toutefois un procédé qui ne doit être mis en œuvre qu'avec la plus grande réserve et à la dernière extrémité. Il implique la constitution d'un parquet spécial où sera continuée avec le précautions d'usage la reproduction de la race commun pour l'obtention des poules livrées au croisement

Le choix de la race croisante devra être fait avec la plu grande circonspection. Il faut prendre autant que possible une race habitant un climat semblable à celui dans lequel on veut l'introduire. Si l'on habite un climat humide il faudra se méfier des races portant une huppe volumineuse ou de celles dont les tarses sont recouverts par une abondante poussée de plumes. Ces plumes, tant de la huppe que des tarses, se souillent d'impuretés, de boue et sont presque toujours la cause de maladies très difficiles à faire disparaître.

En résumé, nous recommandons aux cultivateurs de conserver les volailles qu'ils élèvent déjà, mais en cherchant à les améliorer de toutes les façons possibles.

Composition de la Basse-Cour. — Les auteurs ne sont pas tous d'accord sur cette question. L'un indique un coq pour cinq à six poules, l'autre un coq pour vingt poules, d'autres encore donnent des chiffres intermédiaires. Les causes de ces divergences sont faciles à saisir. Elles tiennent à la fécondité individuelle et à l'âge des reproducteurs. Tous les coqs ne sont pas aussi féconds les uns que les autres et leur aptitude fécondante après avoir atteint un maximum décroît avec l'âge. Il est donc impossible de donner à ce sujet des chiffres précis. En prenant la moyenne de un coq pour dix poules on doit s'écarter peu de la réalité.

Choix des reproducteurs. — C'est là selon nous, un des points les plus importants. Du choix des reproducteurs dépend en effet l'amélioration future de la race et par conséquent le succès.

Chaque année les reproducteurs, tant mâles que femelles, seront choisis dans les premières couvées qui devront de ce fait être conservées pendant un certain temps. Au moment où l'instinct de la reproduction commencera à se faire sentir chez eux, on opérera un premier triage et on séparera les sexes qui seront placés dans deux parquets distincts. Une seconde sélection sera faite deux mois après et le choix définitif n'aura lieu que vers la fin de la première année. Les bases sur lesquelles devra porter cette sélection peuvent se résumer comme suit :

Le coq doit être volumineux, sa taille plutôt grande devra tenir aux dimensions du corps et non à la longueur exagérée des tarses. Le corps dans la région antérieure (*plastron*) où réside la viande de meilleure qualité aura une largeur aussi grande que possible. La tête sera petite, l'œil brillant et bien ouvert, la queue bien portée, le squelette réduit autant que possible. On juge de cette dernière qualité par l'examen du diamètre des tarses. Enfin une certaine harmonie dans les formes, caractéristique d'une constitution irréprochable doit entrer aussi en ligne de compte. Tous ces signes sont l'indice d'une précocité avancée et nous avons dit précédemment que c'était là un des buts à atteindre.

La fécondité, chez le coq, persiste jusqu'à un âge assez avancé ; mais ce serait une mauvaise spéculation que de le conserver jusqu'à sa disparition. Les coqs âgés commencent par perdre une partie de leur puissance fécondante ; les produits qu'ils donnent à dater de ce moment se développent moins vite et atteignent des poids moins élevés. Si l'on soumet les œufs ramassés à cette époque à l'incubation, on s'aperçoit bien vite qu'un grand nombre sont clairs et n'ont pas été touchés par la liqueur séminale. Ce sont là autant de causes qui nous feront hâter l'époque de la réforme. Ajoutons-y encore que la viande devient dure, filandreuse et n'a plus qu'une valeur faible. Nous laisserons donc nos coqs remplir leur office pendant deux ans seulement et nous nous en débarrasserons ensuite.

Les mêmes principes sont applicables au choix de la poule. Les formes extérieures sont cependant un peu différentes. La largeur est moindre au plastron mais plus grande dans les régions postérieures. La finesse des membres et du squelette en général s'accentue. L'œil est moins vif, le port moins relevé, la démarche calme. On réformera les poules lorsqu'elles auront accompli leur deuxième ou leur troisième ponte.

La fermière connaît à première vue, au seul aspect, toutes ses volailles individuellement, et peut pratiquer ces exclusions à coup sûr. Sinon, elle peut les marquer d'un signe quelconque indiquant l'année de la naissance. D'aucuns se servent à cet effet d'anneaux colorés diversement. Ces anneaux sont passés aux tarses lorsque les oiseaux sont encore jeunes, à la façon des bagues que portent les pigeons voyageurs. Les anneaux rouges par exemple indiqueront les poules d'un an, les bleus celles de deux ans, les verts, celles de trois ans, etc..... On peut aussi à l'aide d'un emporte pièce de petite dimension perçer d'un ou de plusieurs trous arrondis la membrane qui réunit incomplètement les doigts. Le nombre des orifices, leur position, permettent des combinaisons en nombre suffisant pour arriver au même but. Ce qu'on pratique sur les poules est nécessairement applicable aux coqs.

Il faut aussi dans le choix des reproducteurs tenir compte de l'hérédité et les prendre autant que faire se peut dans les couvées provenant d'œufs fournis par des parents sains, remarquables par leur développement et l'abondance de leur ponte.

Ponte. — Si nous nous livrions à la production exclusive des œufs, la présence du coq ne serait pas nécessaire, bien qu'elle ait pour effet de stimuler la ponte ; mais tel n'est pas notre cas.

L'âge auquel la poule commence à donner ses œufs est variable avec l'époque de sa naissance. Celles qui naissent au commencement de l'année, du mois de février jusqu'à la fin de mars pondent d'habitude vers l'automne de la même année (septembre-octobre). Celles qui proviennent de couvées plus tardives, obtenues dans le courant de l'été, ne pondent qu'au printemps de l'année suivante. C'est là un premier avantage en faveur des couvées hâtives et comme nous le verrons plus tard, ce n'est pas le seul.

La ponte commence, en général, surtout si les volailles sont nourries convenablement, dès que les grands froids ne se font plus sentir. Elle atteint bientôt un maximum, puis elle diminue lorsque les signes de l'incubation se manifestent. Elle s'arrête alors d'une façon complète pour réapparaître ensuite dans les mêmes conditions. Pendant la période de la mue, caractérisée par la chute des plumes et leur remplacement, elle est aussi presque toujours suspendue ainsi que pendant l'hiver.

La fécondité des poules varie dans une mesure assez large. A l'époque de la grande ponte, certaines donnent un œuf presque tous les jours ; d'autres un œuf tous les deux ou trois jours. Un certain nombre vont jusqu'à pondre deux œufs dans la même journée, mais à des intervalles plus ou moins éloignés.

En moyenne, on peut compter sur l'obtention de 4 à 5 œufs par semaine pendant la période de plus grande ponte et arriver à une production annuelle de 100 à 120 œufs.

Il y a à ce sujet de grandes différences suivant les races. Les poules de Hambourg par exemple peuvent fournir dans l'année jusqu'à 250 œufs ; mais ceux-ci sont petits et leur poids n'atteint qu'avec peine 50 grammes. D'autres, comme les Barbezieux, n'en donnent que 150 de poids plus élevé, 75 grammes.

De sorte que si l'on envisage la quantité de matière nutritive fournie, on arrive à un poids de 10k800 pour la race de Hambourg et de 11k250 pour celle de Barbezieux qui donne cependant moins d'œufs. Il y aurait dans ces conditions un grand avantage pour le consommateur à ce que la vente des œufs se fasse au poids et non à la douzaine comme on est habitué à le faire. Pour la même somme d'argent on aurait sensiblement une quantité égale de substances alimentaires. Nous avons dit aussi que dans le commerce on recherchait des œufs d'un poids minimum de 60 grammes. Tous ceux qui restent en dessous sont dépréciés et payés moins cher.

L'état d'embonpoint influe également sur le nombre d'œufs pondus. Les poules nourries trop abondamment, trop grasses en un mot pondent moins que celles qui sont simplement en état. Il n'en résulte pas qu'il faille les nourrir insuffisamment ; les poules maigres, en effet, donnent toujours des œufs de petite dimension.

Non seulement, comme nous l'avons fait remarquer plus haut, on peut augmenter en quelques générations le poids des œufs chez une race donnée, mais on peut en élever aussi le nombre. La domestication a joué sous ce rapport un rôle excessivement important. Tandis que l'espèce sauvage donne seulement une dizaine d'œufs, nous avons vu la poule de Hambourg en fournir plus de 200. Il est vrai d'ajouter que c'est là un chiffre maximum que la plupart de nos races sont loin d'atteindre.

Par la gymnastique fonctionnelle de l'appareil producteur, par une alimentation rationnelle, par la sélection, on obtiendra sous ce rapport des résultats avantageux.

Quelques unes parmi nos poules pondront pendant l'hiver. Cela tient à l'âge d'une part (poulettes nées de bonne heure), à la race de l'autre. On peut, en se conformant à certains principes obtenir un plus grand nombre d'œufs pendant la mauvaise saison.

La température agissant dans un sens favorable on recommande en premier lieu de maintenir dans le poulailler un degré de chaleur assez élevé, 10 à 12° au moins. Sans préconiser l'installation d'un calorifère qui nécessiterait une dépense d'une certaine importance, on peut y arriver en répandant sur le sol une couche de fumier de cheval aussi peu humide que possible, et en rétrécissant les ouvertures sans cependant empêcher le renouvellement de l'air.

On distribuera en même temps aux pondeuses une nourriture riche et excitante à la fois. Elle sera composée en partie de substances animales et de matières végétales, surtout des grains. Le sang de bœuf cuit est très recommandable. Quant aux grains, on choisira de préférence l'avoine, le sarrazin, puis en petite quantité le chènevis et la graine de lin. Le tout additionné d'une proportion convenable de son formera une pâtée qu'on distribuera deux fois dans la journée, le matin et le soir. Il est bon pour en faciliter la digestion d'y ajouter un peu de sel et de poudre de charbon de bois.

M. Voitellier indique l'emploi du blé chaulé qui donnerait des résultats extrêmement remarquables. Son emploi doit être fait avec certaines réserves. Enfin on trouve dans le commerce des préparations sous forme de farines qui, ajoutées en proportions déterminées à la ration ordinaire, rempliraient le même rôle. On les désigne sous les noms de *Poudres à faire pondre*, *Pondéine*, etc... Sans aller jusqu'à nier leur action, on peut toutefois considérer que leur prix de vente est de beaucoup supérieur à leur valeur nutritive réelle et que par conséquent mieux vaut s'en abstenir.

On n'oubliera pas également de distribuer aux pondeuses si elle ne l'ont pas à leur disposition, le calcaire nécessaire à la constitution de la coquille de l'œuf. Les sables calcaires, les coquilles d'huître écrasées, sont les matériaux les plus employés.

S'il n'est pas de caractères extérieurs permettant de distinguer à l'avance les bonnes pondeuses des mauvaises, il en est dont l'apparition indique d'une façon nette que le moment de la ponte est proche. La poule qui va commencer à pondre a la crête, les barbillons, les paupières d'un rouge vif. Les plumes bouffantes qui entourent l'anus (*artichaut*) s'écartent les unes des autres, la fiente prend une teinte verte. Au contraire, quand la ponte est terminée, la fiente présente des traînées blanchâtres abondantes, l'artichaut diminue de volume et les appendices de la tête prennent une coloration moins accusée et pâlissent.

Tous les jours pendant la saison on fera la visite des pondoirs pour enlever les œufs qui y ont été déposés. On en opérera le triage de façon à réserver comme nous l'avons dit les meilleurs pour l'incubation. Ces derniers, marqués d'un chiffre indiquant le jour de leur récolte, seront placés dans un endroit sec sur une couche de son ou de grain déposée au fond d'une boîte. On évitera avec soin le voisinage des mauvaises odeurs dont les œufs s'emparent facilement. On prendra la peine de les retourner de temps à autre.

Pour ceux qui sont destinés à la vente, les précautions que nous venons d'indiquer sont inutiles au moins en ce qui concerne la marque et le retournement.

La fraîcheur de l'œuf peut être reconnue jusqu'à un certain point par l'emploi des procédés suivants:

En interposant l'œuf entre l'œil et une source lumineuse on distinguera celui du jour par l'absence à peu près complète de la chambre à air. La capacité de cette dernière sera d'autant plus grande que l'œuf aura été pondu depuis plus de temps.

En le secouant légèrement dans le sens du grand axe on ne perçoit aucun ballottement interne s'il est frais.

Enfin si l'œuf plongé dans une solution de sel marin à 10 0/0 surnage, c'est qu'il est pondu depuis plusieurs jours; il est tout au plus de la veille s'il tombe au fond du récipient.

Comme nous l'avons vu précédemment, la ponte subit dans le courant de l'année des alternatives d'abondance et de disette quelle que soit du reste la race peuplant la basse-cour. Les œufs dans le commerce ont une valeur soumise à la loi de l'offre et de la demande. Lorsqu'ils sont abondants leur prix de vente s'abaisse, s'ils se font rares ce prix augmente. Il y aurait donc grand avantage pour le cultivateur à essayer de régulariser ce cours. C'est ce qui a conduit à la recherche des moyens de conservation des œufs. Les emmagasiner lorsque les prix sont avilis pour les livrer à la consommation dès que les cours ont augmenté.

Les principaux procédés recommandés sont :

1° *Emploi de l'eau de chaux.* — L'eau de chaux est obtenue en délayant dans une certaine quantité d'eau pure de la chaux vive. On laisse ensuite déposer et le liquide clair qui surnage est seul employé.

Les œufs sont placés dans des récipients en terre cuite ou en ciment plus faciles à entretenir dans un état de propreté satisfaisant et ne donnant pas naissance à des végétations moussues comme ceux en bois par exemple.

Il faut avoir soin de déposer les œufs un à un aussi doucement que possible et après s'être assuré qu'ils ne présentent aucune fêlure si petite soit elle. On emplit alors le récipient d'eau de chaux jusqu'à ce que les œufs soient recouverts par une épaisseur de liquide de deux à trois centimètres.

Les bassins seront placés dans un local à température aussi constante que possible, une cave peu éclairée. On veillera à ce que le niveau de l'eau ne s'abaisse pas et on examinera journellement avec attention l'état du liquide. Des insectes y viennent parfois pondre ; on enlèvera ces pontes avec soin. Malgré toutes les précautions prises il peut arriver qu'un œuf se brise ; les substances qu'il renferme se répandent alors dans l'eau qui entre bientôt en putréfaction. Dans ce cas, il ne faut pas hésiter à changer immédiatement cette eau qui devra être remplacée à nouveau après qu'on aura lavé les œufs à l'eau claire. Par ce procédé et en prenant toutes les précautions que nous venons d'indiquer, on arrive à conserver les œufs depuis le mois d'avril jusque pendant les mois d'hiver. Il ne faudrait pas oublier toutefois que lorsque les œufs traités ainsi ont été sortis du liquide conservateur, ils doivent être employés le plus rapidement possible.

2° *Emploi du sel.* — M. Mariot-Didieux qui a expérimenté lui-même ce procédé donne à ce sujet les indications suivantes :

« Ce moyen consiste en de grandes caisses ou tonneaux « garnis de papier à l'intérieur. Ainsi préparées, ces caisses « sont placées dans un lieu frais sans être humide. Une « couche de sel blanc fin recouvre le fond de la caisse d'un « demi-centimètre d'épaisseur. Sur cette couche on dépose « les œufs frais récoltés les uns à côté des autres, et on « remplit les interstices des œufs de sel fin. La caisse « ainsi remplie par des couches successives d'œufs et de « sel est hermétiquement fermée. Le sel gemme (sel blanc « des Vosges) est préférable au sel marin. Ce dernier con- « tient assez souvent quelques débris marins qui commu- « niquent à l'œuf un mauvais goût. »

M. Mariot-Didieux a ainsi conservé des œufs pendant onze mois, paraît-il, avec un succès complet.

3° *Emploi de la vaseline.* — Ce mode de conservation est appliqué en Russie. Il consiste à badigeonner les œufs à deux reprises différentes avec de la vaseline et à les placer ensuite dans un panier ou une caisse où on les recouvre de son. Ces deux badigeonnages sont effectués à 5 ou 6 jours d'intervalle. Comme dans les cas précédents, les paniers renfermant les œufs doivent être déposés dans un endroit frais quoique sec, où la gelée ne puisse faire sentir son action et loin de toute substance odorante quelle qu'elle soit. La durée de la conservation n'excède guère trois mois. En Amérique on remplace l'eau de chaux par une solution d'acide salicylique, procédé peu recommandable.

CHAPITRE IV

INCUBATION

On donne le nom d'*incubation* à la partie de l'aviculture qui a pour objet de placer les œufs fécondés dans des conditions telles que le développement de l'embryon poursuive son cours. Elle se termine par l'éclosion, c'est-à-dire par la sortie du poussin de l'œuf. C'est par elle par conséquent que la reproduction de l'espèce est assurée.

Deux procédés peuvent être mis en usage pour arriver à ce résultat :

1° L'*incubation naturelle*

2° L'*incubation artificielle*.

L'incubation est dite naturelle lorsque les œufs sont tout simplement confiés à une poule qui manifeste l'intention de les mener à bien.

Dans l'incubation artificielle, la poule est absente : on la remplace par des appareils spéciaux auxquels on a donné le nom de *couveuses*.

Nous allons étudier successivement ces deux modes en commençant par l'incubation naturelle.

Incubation naturelle. — La couvaison, chez les oiseaux, se manifeste physiologiquement par un afflux sanguin dans une dépendance de l'appareil circulatoire située sur la face inférieure du corps. Sa richesse vasculaire lui a fait donner le nom de réseau admirable.

En même temps des caractères extérieurs très nettement

visibles, indiquent à l'œil le moins exercé l'intention de la femelle. Ces caractères chez la poule sont les suivants :

Bien que la ponte s'arrête, la poule reste sur son nid pendant de longues heures ; lorsqu'elle en sort, à des intervalles éloignés, elle se conduit absolument comme si elle avait une nichée de poussins autour d'elle. Elle glousse pour les appeler ; elle hérisse ses plumes et écarte ses ailes comme si elle voulait les abriter ; elle gratte continuellement le sol pour y chercher de la nourriture qu'elle même ne consomme pas.

Il est bon avant de lui confier des œufs, de s'assurer de l'ardeur qu'elle manifeste. Pendant 24 heures on la placera sur un nid dans lequel on aura disposé un certain nombre de vieux œufs : si elle s'y maintient sans bouger, on peut alors sans crainte se rendre à son désir.

Les couveuses seront placées dans un local particulier, *couvoir*, où règnera une demi-obscurité. Il sera sain, aéré, et surtout éloigné des bruits du dehors. La température y sera aussi égale que possible. Les poules y seront logées dans des paniers en osier (fig. 15) ou dans des caisses en planches assez profondes pour qu'on puisse les munir d'un couvercle. L'air, néanmoins y aura libre accès. Au fond de la caisse ou du panier on disposera une couche de foin bien propre destinée à recevoir les œufs.

Ceux-ci ont été choisis et conservés avec les précautions que nous avons indiquées plus haut. Il ne faut pas cependant qu'ils soient trop âgés, la réussite serait compromise. Si des œufs de trois semaines peuvent encore servir à l'incubation, il sera bon de ne distribuer à la même poule que ceux pondus à huit ou dix jours d'intervalle pour que les éclosions se fassent en un temps très restreint.

Le nombre d'œufs à fournir à une poule varie d'une part avec la taille de l'oiseau et d'autre part avec le volume des œufs. On compte, que pour une même race ce nombre est compris entre dix et quinze. Dans quelques localités, le chiffre treize est invariablement choisi par la fermière sous prétexte de réussite plus certaine : inutile de dire que c'est là un préjugé.

La durée de l'incubation est de trois semaines (19 à 22 jours).

Pendant ce laps de temps, la poule couveuse doit être levée chaque jour pour qu'elle puisse manger, boire et se débarrasser de ses excréments. Cette opération se répétera à deux reprises, le matin et le soir, autant que possible à la

Fig. 13. — Panier à couver.

même heure. La nourriture se composera de grains et l'eau sera d'une limpidité parfaite. Au bout de quinze à trente minutes la poule sera reportée sur son nid en prenant les précautions nécessaires pour que les œufs ne soient pas brisés. Pendant la première période de la couvaison, une semaine environ, le chiffre de quinze minutes sera considéré comme un maximum. Après, on pourra sans inconvénient l'augmenter peu à peu.

Vers le cinquième ou le sixième jour on devra *mirer* les œufs. Cette opération consiste à voir ce qui se passe à l'intérieur de façon à pouvoir enlever ceux qui ne sont pas fécondés, qui sont *clairs,* et dans lesquels par conséquent l'embryon ne se développe pas. Ils pourraient par suite des fermentations qui s'établissent à l'intérieur et qui amènent le dégagement de gaz irrespirables, nuire à la bonne venue des poussins.

Le mode le plus simple consiste à se placer dans un endroit obscur et à interposer l'œuf entre une source lumineuse et l'œil. Quand l'œuf a subi un commencement de développement, on aperçoit au centre une petite tache foncée de laquelle partent en rayonnant des lignes contournées assez peu nombreuses. On a comparé cela à une araignée (fig. 14).

Si l'œuf est clair (fig. 15) on ne voit au centre qu'une par-

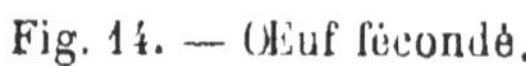

Fig. 14. — Œuf fécondé. Fig. 15. — Œuf clair.

tie dont la coloration est peu différente de la portion qui l'entoure.

On trouve dans le commerce de petits appareils (fig. 16) destinés à rendre cet examen plus facile. Tels sont l'ovoscope Voitellier, le mire-œufs Roullier et Arnoult, etc..... Tous sont bons et sont basés du reste sur le même principe.

Le mirage peut rendre dans certains cas d'autres services que celui que nous avons signalé plus haut. Si l'on a mis couver plusieurs poules le même jour ; on peut, après enlèvement des œufs non fécondés, faire une nouvelle répartition de ceux qui restent et avoir une poule libre. On lui donnera des œufs frais et on aura ainsi une couvée supplémentaire.

Le commencement des éclosions est indiqué par les cris

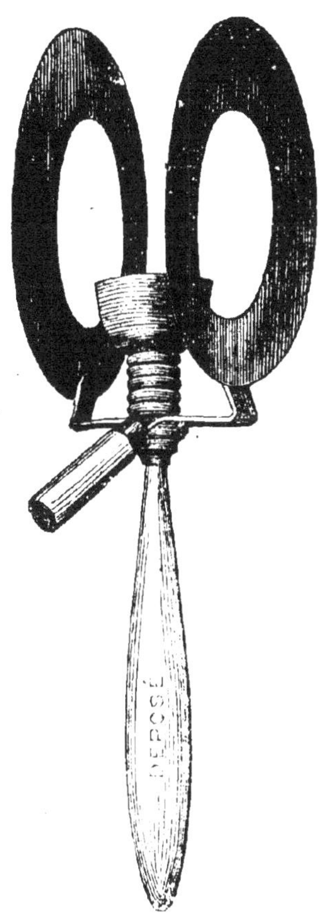

Fig. 16. — Appareil à mirer les œufs.

des poussins sortis de l'œuf. Il faut laisser faire et si l'un d'entre eux garde une partie de la coquille collée à son corps, se bien garder de l'enlever sans précaution : une hémorrhagie mortelle serait à craindre. Il faut se servir pour cette opération d'un pinceau trempé dans l'huile tiède, avec lequel on imbibe les bords du morceau de coquille : celui-ci se détachera bientôt sans peine.

Il est recommandable également lorsque, pendant l'éclo-

Fig. 17. — Opération du mirage.

sion qui dure toujours un certain nombre d'heures, on lève la poule, d ôter les poussins déjà nés pour ne les remettre qu'après que la mère a repris sa place. On évite ainsi des étouffements, des écrasements qui viendraient réduire le nombre des poulets.

Au moment où la sortie de l'œuf a lieu, il reste encore

dans celui-ci une certaine quantité de jaune qui est résorbé dans l'abdomen du poussin.

Cette provision d'aliments suffit à assurer sa subsistance pendant 24 ou 36 heures. Il est donc inutile de s'occuper de la nourriture des jeunes avant que ce temps ne soit écoulé : ils ne cherchent du reste pas à manger. Ce n'est que lorsque les éclosions sont terminées et que les poussins sont complètement secs qu'on les transportera dans les boîtes ou les compartiments d'élevage (V. Chap. V).

Incubation artificielle. — L'incubation artificielle dont nous avons donné la définition plus haut s'impose en toute nécessité lorsqu'on se livre à l'élevage de races mauvaises couveuses ou ne couvant pas. Ce n'est pas là sa seule raison d'être.

Avec elle point n'est besoin d'attendre le bon plaisir des poules : la couveuse artificielle est toujours prête à fonctionner. Elle permet de faire des couvées hâtives qui nous d·aneront de meilleurs produits pondant de bonne heure et livrables à la consommation à une époque où les poulets sont rares et se vendent cher.

Par son emploi, nous économiserons et la place et la main d'œuvre. Une couveuse contenant cent œufs nous demandera un local moins spacieux et un travail moindre que dix poules couvant chacune dix œufs. Cela n'est pas contestable.

Malgré ces avantages, nous ne recommanderons son emploi absolu que dans les fermes où l'élevage a une grande importance, pour des raisons qui seront fournies ultérieurement.

Sans entrer dans des détails qui nous entraîneraient beaucoup trop loin, nous devons cependant dire que l'incubation artificielle a été pratiquée de toute antiquité. Aussi loin qu'on puisse remonter dans l'histoire, les auteurs nous on laissé à ce sujet des documents qui ne laissent auc n dou sur ce point. Comme beaucoup de découvertes anciennes elle fut d'abord monopolisée au profit des prêtres des diverses religions. En Egypte, ceux du culte d'Isis en gardaient les pratiques et les.... bénéfices avec un soin jaloux. Les procédés qu'ils employaient étaient d'une rare simplicité. Les œufs placés dans des vases étaient tout bonnement enterrés dans une couche de fumier qui leur fournissait la température nécessaire.

Bientôt des perfectionnements se montrèrent et on établit d'immenses fours couvoirs ou *mamals* dans lesquels on put placer jusqu'à plusieurs milliers d'œufs à la fois. Ces fours existent encore de nos jours dans certaines régions de l'Egypte.

Des essais eurent lieu en France. Charles VII à Amboise, François Ier à Montrichard firent construire des couvoirs sur le modèle des précédents et firent venir des Egyptiens pour les diriger. La réussite fut nulle.

Nous citerons seulement en passant les tentatives de Réaumur, Dubois, Bonnemain (1777-1814), Bir (1844), Vallée (1848), Gérard (1855), Deschamps (1860), pour ne nous occuper que des essais tentés par des Français.

C'est à cette dernière date (1860) que l'on peut faire remonter l'apparition de la première couveuse artificielle vraiment digne de ce nom.

Aujourd'hui les modèles en sont excessivement nombreux. Suivant le mode de chauffage employé on peut les diviser en plusieurs catégories.

Couveuses
- *à eau chaude*
- Température constante obtenue
  - par le renouvellement de l'eau
  - par la combustion de lampes, de briquettes ou par thermo-siphon.
- *à air chaud*

Les deux derniers groupes peuvent être ou non munis

d'un régulateur de température. C'est même la règle pour les couveuses à air chaud.

Nous citerons parmi les modèles à eau chaude les incubateurs Roullier et Arnoult, Voitellier, Lagrange, Keays (à régulateur), Fanfillon, Philippe (à régulateur), etc....

Dans ceux à air chaud, les couveuses Forget, Gombault, Delmas, Philippe, etc.

Nous ne pouvons entreprendre la description de tous, nous nous bornerons à donner celle de deux appareils choisis l'un parmi les modèles à eau chaude et à régulateur, la couveuse Philippe, l'autre parmi les modèles à air chaud, la couveuse Delmas.

Auparavant, essayons de déterminer quelles sont les conditions que doit présenter une couveuse artificielle pour être aussi parfaite que possible. Nous pourrons alors juger en pleine connaissance de cause.

Il faut toujours dans la construction d'appareils tendant à suppléer la nature se rapprocher des conditions naturelles que l'on veut remplacer. Une couveuse artificielle devra donc pouvoir fournir aux œufs tout ce que la couveuse naturelle, la poule, leur procure.

La première question qui se pose à l'esprit est celle de la température. On devra pouvoir entretenir autour des œufs un degré de chaleur aussi constant que possible, variable seulement entre les extrêmes 38 et 41 degrés centigrades.

La question de l'aération n'est pas moins importante. Dès que l'embryon a commencé à se développer, il vit, il respire. Il faut donc mettre à sa disposition de l'oxygène et l'air contenu dans l'appareil doit pouvoir se renouveler. D'autre part, s'il respire, il absorbe de l'oxygène et rejette de l'acide carbonique. Si ce dernier gaz ne s'échappe pas, comme il est plus lourd que l'air, il descend sur les œufs qu'il peut arriver à recouvrir entièrement. Le résultat, c'est l'asphyxie des poussins dans l'œuf puisque ce gaz est impuissant à maintenir la vie. Par conséquent un dispositif spécial devra permettre l'écoulement du gaz carbonique au fur et à mesure de sa production.

Pendant toute la durée de l'incubation naturelle, l'air entourant les œufs contient une certaine dose d'humidité au sujet de laquelle on n'a pas de renseignements exacts, des expériences précises n'ayant pas encore été faites à cet égard.

On peut cependant induire que vers la fin de l'incubation, l'humidité est plus indispensable. A ce moment les liquides intérieurs de l'œuf ont presque disparu. Si l'air ambiant est sec, l'évaporation sera portée à son maximum, le poussin sera collé pour ainsi dire dans sa coquille dont il ne pourra se débarrasser. Il périra faute de pouvoir briser sa prison. Voilà pourquoi dans un grand nombre de couveuses actuelles on constate la présence d'un récipient destiné à contenir de l'eau qui saturera plus ou moins l'air du tiroir ou de la chambre aux œufs.

Si l'on examine la couveuse naturelle au moment où venant d'être levée elle retourne sur son nid on la voit changer ses œufs de place. Ceux de la périphérie sont placés au centre et réciproquement dans le but de les soumettre tous à une somme de chaleur égale. L'incubateur artificiel devra être construit de façon à permettre le retournement des œufs. Bien que des expériences entreprises sur ce point aient montré dans certains cas que ce travail n'était pas indispensable, nous l'effectuerons néanmoins et cela parce que la poule le fait.

Enfin, les conditions de bonne construction, de prix d'achat et de facilité de conduite devront aussi entrer en ligne de compte.

Décrivons maintenant les deux modèles que nous avons choisis non dans un but de réclame plus ou moins déguisé, mais pour montrer aux cultivateurs comment quelques constructeurs ont résolu les problèmes que nous venons de poser.

La couveuse Philippe se compose d'une caisse en bois B en renfermant une seconde A en métal destinée à contenir l'eau nécesaire. Cette seconde caisse est maintenue au centre de la première par des taquets et l'intervalle qui les sépare est rempli de substances isolantes pour empêcher une trop grande déperdition de calorique. Au-dessous

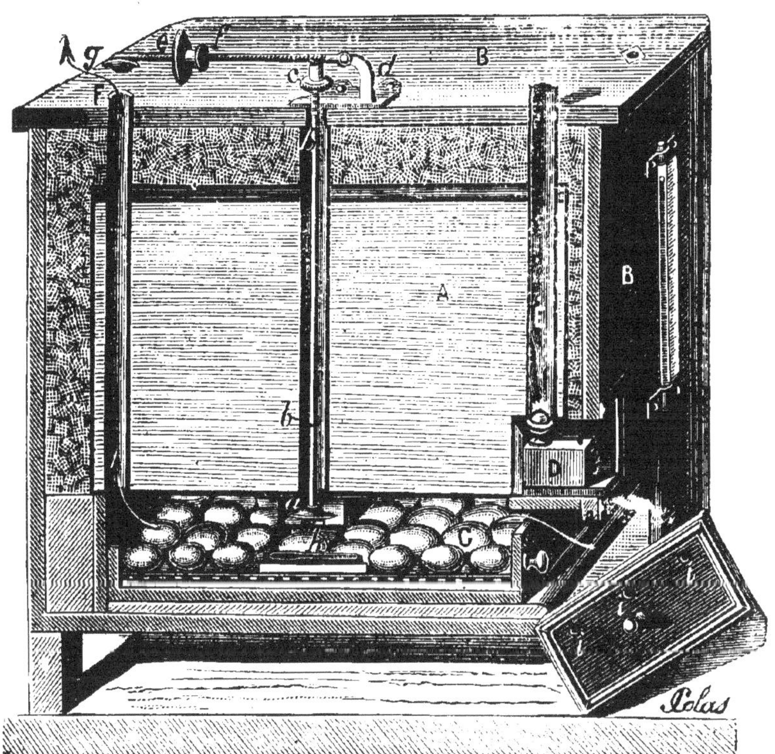

Fig. 18. — Couveuse Philippe.

de la caisse A est ménagée une cavité qui reçoit le tiroir aux œufs G perforé à sa partie inférieure pour permettre l'écoulement de l'acide carbonique. Cette cavité peut être fermée à l'aide d'une porte supposée enlevée et placée à côté de l'appareil sur la figure. La porte est percée de trois petits orifices *iii*.

La caisse métallique A est traversée verticalement par trois tubes creux E, *b*, F. Le premier E sert de cheminée pour la lampe D qui chauffe l'appareil ; le tube F sert pour la sortie de l'air chaud quand le régulateur fonctionne ; le tube *b* est destiné à servir de passage à la tige du régulateur. Un thermomètre *h* placé dans le tiroir au niveau des œufs sert à contrôler la bonne marche de l'appareil.

Quant au régulateur nous en laissons la description et l'explication du fonctionnement à l'inventeur :

« Un tube vertical traverse de part en part le centre de « la chaudière, dans ce tube se trouve une tige métallique « *b* qui porte à sa partie inférieure sur une plaque *a* pla- « cée dans une cavité située au-dessus des œufs.

« Cette plaque *a* est formée de deux petites cloisons « métalliques très minces, soudées par leurs bords et par- « faitement étanches. Entre ces deux cloisons se trouve un « liquide composé de produits combinés de telle façon qu'il « s'évapore à une température voisine de 40 degrés. Les « vapeurs produites, occupant un plus grand espace que le « liquide, et douées d'une grande force d'expansion, gon- « flent les cloisons de la plaque *a* et soulèvent la tige *b*.

« Or cette tige *b* supporte à sa partie supérieure un levier « mobile *e* coudé en *d* sur le dessus de la couveuse. Ce « levier *e* est muni à son extrémité d'une plaque circulaire « *g* qui s'applique sur le tube F lequel traverse la chau- « dière et aboutit dans sa partie inférieure, au fond du « tiroir aux œufs.

« L'appareil décrit, voyons comment il fonctionne.

« La température de la couveuse se trouve, supposons, « à 40 degrés au moment de l'expérience. C'est la tempéra- « ture dont il faut toujours se rapprocher dans tout le cours « de l'incubation. Tant que le thermomètre marquera ces « 40 degrés la plaque circulaire *g* appliquée sur le tube F « le fermera complètement. Mais que la chaleur s'élève d'un « degré ; alors le liquide contenu dans la plaque *a* s'éva-

« pore ; les vapeurs produites gonflent les cloisons métal-
« liques qui poussent la tige *b* laquelle met à son tour en
« action le levier *e* et le tampon *g* se soulève découvrant
« l'orifice du tube F. Aussitôt un courant d'air se produit
« entre ce tube E et les trous d'aération *iii* pratiqués dans
« les parois de la couveuse. L'air extérieur pénètre dans la
« chambre aux œufs, rafraîchit la température et la ramène
« à son point normal, point maintenu automatiquement
« par son régulateur et au-dessous duquel elle ne peut
« descendre ; car dès que le thermomètre est revenu à 40
« degrés, le liquide contenu dans la plaque *a* se condense,
« les cloisons métalliques s'affaissent en communiquant ce
« mouvement de descente à la tige *b*, au levier *e* et consé-
« quemment au tampon circulaire *g* qui vient recouvrir
« l'orifice du tube F et intercepter le courant d'air.

« La tige *b* porte à son extrémité supérieure un tube qui
« sert à augmenter ou à diminuer la longueur de cette tige
« au moyen de la vis *c*.

« Le levier *e* est également muni d'un contrepoids *f* qui
« se meut au moyen d'un écrou.

« Ces deux parties du mécanisme servent à régler l'ap-
« pareil ; voici comment : après avoir obtenu la tempéra-
« ture de 40 degrés dans la chambre aux œufs, on manœu-
« vre la vis *c* de la tige *b* et le contrepoids *f* de façon que
« le tampon obturateur *g* s'applique exactement sur l'ori-
« fice du tube F. Il est bien entendu que le contrepoids
« n'est pas avancé de manière à exiger trop de force pour
« que le levier se soulève ; le jeu doit être doux, il faut
« qu'à la moindre pression communiquée par la capsule
« *a* le mécanisme fonctionne aisément. C'est une affaire
« d'expérience, quelques secondes suffisent et l'appareil est
« réglé pour une période de temps indéterminé. »

Ajoutons que dans cette couveuse la question humidité est résolue par la présence sous les œufs d'un récipient en zinc dans lequel on met de l'eau tiède.

La couveuse Delmas se compose essentiellement d'une caisse en bois montée sur pieds permettant de placer sous l'appareil la lampe destinée à fournir le calorique nécessaire. Les œufs sont placés dans des tiroirs perforés placés à une certaine distance au-dessus du fond de la caisse. La

Fig. 19. — Couveuse à air chaud et à régulateur de température, système Delmas, à Muids (Eure.)

figure ci-jointe permet du reste de se rendre compte de l'agencement et de la disposition de cet incubateur.

Quand à l'appareil de chauffage voici comment il est décrit par l'inventeur :

« L'appareil de chauffage se compose de trois parties « distinctes :

« *a* L'appareil producteur de chaleur.

« *b* L'appareil de dissémination de la chaleur dans la « couveuse.

« *c* Le régulateur de température.

« *a* L'appareil producteur de chaleur n'est autre qu'une « lampe à pétrole à large bec, pouvant brûler vingt-quatre « heures sans discontinuité.

« *b* L'appareil de conduction et de dissémination de la « chaleur dans la couveuse est formé par un tuyau cylin- « drique en tôle, fermé à sa partie supérieure et pénétrant « à demi dans l'intérieur de la couveuse au fond de laquelle « il se fixe à volonté à l'aide d'un emmanchement de bayon- « nette. Ainsi construit, la flamme de la lampe ne pénètre « en aucune façon dans la couveuse. La partie inférieure

« dudit tuyau est évasée en cône et munie de tuyaux de « dégagement pour l'évacuation au dehors des produits de « la combustion. Dans l'intérieur sont disposés oblique- « ment trois tubes en cuivre, dont les orifices supérieurs « débouchent directement dans la couveuse. A leur base, « ces tubes traversent, sur trois points différents, la paroi « du tuyau au-dessous de la couveuse et se prolongent « extérieurement en trompe pour l'aspiration de l'air.

« En outre, les produits de la combustion de la lampe « (viendrait-elle même à fumer) se conduisent dans le tuyau « et s'évacueut *extérieurement* par les cheminées adaptées « au cône de chauffage, comme il est dit plus haut, sans « nul danger et avec impossibilité absolue de pénétration « dans l'intérieur de la couveuse.

« Les avantages de cette disposition sont faciles à con- « cevoir. La lampe est disposée au-dessous, bien dans « l'axe du milieu. La chaleur développée par la combustion « du pétrole, frappe directement les tubes de cuivre, les « chauffe et provoque un appel énergique de l'air extérieur « qui pénètre par les trompes d'aspiration et vient débou- « cher dans la couveuse en y apportant la température « nécessaire à l'incubation.

« La couveuse est elle-même percée de plusieurs trous « d'aération à la partie supérieure, favorisant l'évacuation « de l'air chaud et de trous percés au-dessous des plateaux « à œufs, destinés à provoquer le renouvellement d'air et à « chasser les gaz délétères.

« Dans l'intérieur de la couveuse, tout le système de « chauffage est entouré d'un réservoir en zinc, pour rece- « voir l'eau nécessaire à l'incubation, et d'un châssis en « bois pour protéger les poussins à leur éclosion.

« *c* Le régulateur de température se compose d'un dou- « ble levier empruntant la forme de la balance romaine. Il « est à bras inégaux et repose sur un pivot porté par deux « tasseaux fixés à une des parois intérieures de la couveuse.

« L'un des bras porte à son extrémité un couvercle destiné « à obturer l'orifice des tubes distributeurs de chaleur. « L'autre bras est muni d'une tige mobile sur pivot per- « mettant de régler extérieurement la chaleur à 40°. Dans « le centre se trouve un tube de verre destiné à recevoir « le chargement de mercure nécessaire au fonctionnement « du régulateur.

« Au repos, à la température ordinaire, le régulateur se « trouve légèrement incliné en arrière ; mais quand la cha- « leur intérieure de la couveuse atteint une certaine inten- « sité, la colonne de mercure se déplace sous l'impulsion « d'un liquide dilatable, monte dans le tube de verre et fait « basculer insensiblement la régulateur jusqu'à parfaite « obturation des orifices de chaleur. Dès lors, l'air chaud « ne pénétrant plus dans l'intérieur de la couveuse, il s'en- « suit que la température cesse de monter, et par suite la « colonne de mercure reprenant graduellement sa place « primitive sous l'action de la contraction du liquide, le « régulateur reprend sa position horizontale, l'obturateur « se relève et dégage ainsi les orifices de chaleur. »

Dans ces appareils, la dépense de pétrole varie suivant leur importance et le nombre d'œufs qu'ils peuvent contenir entre 70 centilitres et 1 litre 1/2 par 24 heures. Le premier chiffre s'applique aux couveuses de 50 œufs, le second à celles de 200.

Parmi les nombreux modèles qui se trouvent aujourd'hui dans le commerce, en est-il un que l'on puisse recommander de préférence aux autres ? Nous ne le pensons pas. Toutes les couveuses artificielles sont bonnes et donnent de bons résultats lorsqu'elles sont bien conduites. En somme, il n'y a pas de mauvaises couveuses, il y a seulement de mauvais couveurs.

Si l'on prend bien toutes les précautions et si l'on suit avec soin les indications que nous allons donner, on obtient presque toujours des résultats à peu près semblables à ceux fournis par l'incubation naturelle. Il ne faut pas trop songer cependant à réussir au premier essai. Il y a ici, comme dans tout autre métier, un apprentissage à faire. Il faut connaître son appareil. C'est faute de s'être armé de la patience nécessaire que dans beaucoup d'endroits après un ou deux essais infructueux on a remisé les couveuses au grenier.

Marche à suivre pendant l'incubation. — Les œufs destinés à l'incubation devront subir un lavage préalable pour les débarrasser des poussières ou des maculatures qu'ils peuvent porter. La propreté de la coquille implique des échanges gazeux réguliers qui ne peuvent qu'être favorables à l'embryon. Cette opération se pratique avec une éponge imbibée d'eau froide pour ceux dont l'état de propreté est déjà presque suffisant. Ceux, au contraire, qui seraient tachés de fiente, de boue, devront être lavés à l'eau tiède. Un lavage incomplet ou mal fait pourrait être la cause première de difformités constatées lors de l'éclosion.

Cette opération effectuée, on laissera sécher les œufs avant de les placer dans la couveuse. La position à leur donner dans l'appareil est celle qu'ils y prennent naturellement lorsqu'on les y dépose. Il est inutile et même nuisible de chercher à leur en donner une autre quelle qu'elle soit, eût-elle pour but de permettre l'introduction d'un plus grand nombre.

La couveuse artificielle garnie de tous les œufs qu'elle peut contenir doit alors être chauffée à la température nécessaire pour amener le développement de l'embryon. Nous avons dit plus haut qu'elle peut osciller entre 39 et 41° sans jamais s'écarter de ces chiffres de plus d'un degré en dessus ou en dessous.

Il n'est pas indispensable d'arriver de suite à ce degré optimum étant donné qu'à 30° le développement de l'embryon commence. Mieux vaut, au contraire, chauffer graduellement de façon à habituer les œufs à la temperature à laquelle ils seront soumis pendant toute la période. Vingt-quatre ou trente-six heures au plus sont largement suffisantes pour atteindre ce résultat.

Pour qu'on puisse juger aussi souvent que possible du degré de chaleur auquel sont soumis les œufs, on devra placer dans le tiroir qui les contient un thermomètre sensible et contrôlé à l'avance. Sa position n'est pas indifférente. On comprendra sans peine que l'air du tiroir chauffé par l'un des procédés que nous avons indiqués, se divise en un certain nombre de couches superposées par ordre de densité. Les plus légères, conséquemment les plus chaudes sont en haut, les plus lourdes en bas. Le thermomètre sera donc placé à hauteur des œufs ; le réservoir étant au niveau de leur axe médian ou légèrement au dessus.

Pendant les premiers jours on veillera à ce que la température subisse le moins d'oscillations possible. Chaque jour, matin et soir, le tiroir sera ouvert pendant dix minutes ou un quart d'heure, on profitera de ce moment pour opérer le retournement des œufs en les faisant rouler autour de leur grand axe.

Vers le cinquième jour on procèdera à l'opération du mirage et on enlèvera les œufs clairs. Bien qu'on n'ait pas de données bien certaines à ce sujet, le degré d'humidité à entretenir dans l'appareil pendant la première période de l'incubation doit-être relativement faible et tout juste nécessaire pour empêcher une évaporation trop considérable des fluides intérieurs de l'œuf.

Il n'en est plus de même lorsqu'on arrive à la fin de l'incubation et que le moment de l'éclosion s'approche. Voici quels sont les conseils fournis sur ce point par « L'*Aviculteur* » n° du 14 avril 1894.

« Dans les derniers jours, il faut veiller surtout à ce que « l'humidité ne fasse pas défaut dans la couveuse, l'em-

« bryon supporte plus facilement un abaissement de tem-
« pérature qu'une atmosphère dessicante qui pompe dans
« la coquille le peu d'humidité qu'elle renferme et colle le
« poussin dans l'œuf comme dans un bain de plâtre. La
« mortalité si considérable des poussins dans la coquille,
« attribuée par certains aviculteurs aux émanations de l'a-
« cide carbonique ou au manque de chaleur dans la cou-
« veuse, n'a peut-être pas d'autre cause. On parera à cet
« inconvénient en mettant dans le bassin à l'humidité sous
« les œufs, de l'eau chaude, pinçant les doigts, 60 à 70°
« environ, de façon à saturer de vapeur d'eau pour ainsi
« dire le milieu incubant. On renouvellera cette opération
« matin et soir chaque fois qu'on ouvrira l'étuve ou le
« tiroir contenant les œufs. On pourra commencer cette
« pratique du seizième au dix-huitième jour de l'incubation ».

Le vingtième jour on commence à entendre les piaulements des poussins dans la coquille, ils frappent à coups redoublés pour se faire une issue au dehors. La coquille est coupée par une ligne circulaire et dans le courant de la vingt et unième journée les mouvements qu'ils exécutent la séparent en deux : l'éclosion est terminée.

A ce moment il reste encore une partie du jaune de l'œuf (*vésicule ombilicale*) qui n'a pas été utilisée. Elle pénètre, se résorbe dans l'intérieur de la cavité abdominale et sert au jeune poussin de nourriture pendant les heures qui vont suivre. Il est inutile, par conséquent de chercher à leur distribuer de la nourriture après l'éclosion, ils n'en ont nul besoin et ne cherchent pas du reste à en prendre. Il faut attendre au moins vingt-quatre heures avant de le faire.

C'est surtout pendant cette période de l'incubation que de grandes précautions sont nécessaires. On se gardera d'ouvrir le tiroir trop souvent, le moins possible sera le meilleur et on attendra avec patience que les éclosions soient terminées.

En résumé il faut s'attacher à obtenir une température

aussi constante que possible et à entretenir dans l'appareil un degré d'humidité satisfaisant. Les travaux à exécuter consistent à mirer les œufs et à ouvrir le tiroir matin et soir pour les aérer et les retourner.

Il ne faut pas se dissimuler néanmoins les difficultés à surmonter pour arriver à une bonne réussite : il y a là, nous le répétons, un apprentissage à faire et ce n'est qu'après plusieurs essais, lorsqu'on connaît bien l'appareil qu'on a choisi qu'on peut être assuré du succès. Nous ne saurions mieux terminer ce chapitre de l'incubation artificielle qu'en empruntant au numéro de l'*Aviculteur* cité plus haut, l'adage suivant : *Patience et Prudence sont deux qualités pour réussir en incubation artificielle.*

CHAPITRE V

ÉLEVAGE DES POUSSINS

a. — Poussins provenant de l'incubation naturelle.

Lorsque les éclosions sont terminées et que les poussins sont secs, ils doivent être transportés avec leur mère dans le *parc à élevage*. On donne ce nom à un enclos planté d'herbes situé à côté d'un hangar ou de toute autre construction légère destinée à abriter les jeunes ainsi que les mères contre les intempéries. La superficie de cet enclos est naturellement en rapport avec l'importance de l'élevage. Le pourtour est garni d'un treillage en fil de fer galvanisé dont les mailles ont des dimensions telles que les poussins ne puissent le franchir.

Dans la plupart des fermes on n'agit pas de cette façon. Pendant la nuit et par le mauvais temps les poussins et leur mère sont enfermés dans un local quelconque. Pendant la journée, lorsqu'il fait beau, on les conduit au dehors en ayant soin presque toujours de retenir la poule captive sous une sorte de cage en osier ou en fil de fer appelée *mue*. C'est là un procédé peu recommandable. Il nécessite une surveillance de tous les instants. Si la pluie vient à tomber, il faut rentrer immédiatement le tout. Les jeunes s'écartent parfois beaucoup de leur mère ; ils peuvent devenir la proie des oiseaux carnassiers ou tout au moins être molestés par les autres habitants de la basse-cour. Des pertes s'ensuivent qui viennent diminuer d'autant les bénéfices.

Avec le procédé que nous recommandons après tant d'autres auteurs, tous ces inconvénients disparaissent. Les poussins ne peuvent s'écarter au delà des limites qui leur sont assignées, se trouvent constamment sur un terrain approprié, choisi pour eux et si la pluie menace, ils rentrent sous le hangar au premier appel de leur mère.

Celle-ci est enfermée dans une *boîte à élevage*. Construite en bois, la boîte à élevage mesure 1 m. 35 dans ses deux dimensions, longueur et largeur, et 0 m. 80 de haut. Elle est séparée par un grillage intérieur en deux compartiments égaux : l'un reçoit la poule, dans l'autre on dispose la nourriture des jeunes. Les poussins peuvent entrer et sortir à volonté à la faveur d'un panneau grillagé placé sur le devant du compartiment occupé par la mère qui peut ainsi veiller sur sa progéniture.

On ferme la boîte le soir pour ne la rouvrir que le lendemain matin, un peu plus tôt ou un peu plus tard suivant le degré de température extérieure. Par les temps humides, pluvieux, la liberté ne sera pas donnée aux poussins tout au moins jusqu'à ce qu'ils aient atteint l'âge d'un mois. Ils sont alors beaucoup plus rustiques. Cette recommandation doit surtout être mise à profit vers le huitième jour qui suit la naissance. A ce moment, les jeunes subissent une sorte de crise amenée par le développement des plumes, des ailes et de la queue. Cette crise n'est pas dangereuse, il suffit pour la traverser sans inconvénient de prendre les précautions indiquées plus haut.

Il est inutile de dire que la boîte à élevage sera maintenue dans l'état de propreté le plus parfait. Une bonne hygiène est le complément indispensable d'un élevage soigné. Chaque jour on la nettoiera à fond pour enlever les excréments qui y auront été déposés et les restes de nourriture.

Les poussins jouissant ainsi d'une liberté relative s'habituent peu à peu à la vie qui plus tard sera la leur. Ils écoutent de moins en moins leur mère qui, du reste, vers la cinquième ou la sixième semaine ne semble plus se soucier d'eux. On la retirera à ce moment et on la reportera dans la basse-cour où elle se remettra bientôt à pondre. Quant aux poussins, ils resteront dans le parc à élevage jusqu'à ce qu'ils soient assez forts pour être versés dans les autres catégories ; c'est-à-dire jusqu'à l'âge de trois mois environ. Pendant ce temps la boîte à élevage continuera à leur servir d'abri pendant la nuit.

B. Poussins provenant de l'incubation artificielle.

Les poussins une fois éclos devront, si le système de couveuse dont on a fait choix le permet, rester dans l'appareil jusqu'à ce que leur duvet soit complètement sec. Si cela ne se peut on les placera dans une *sécheuse*. On donne ce nom à une boîte vitrée dans laquelle une température de 25 à 30° est entretenue à l'aide d'un procédé de chauffage quelconque. Très souvent la sécheuse coexiste avec la couveuse ou l'éleveuse dont elle n'est qu'une dépendance : il y a ainsi économie de calorique. On devra préférer ce système si l'on ne peut faire autrement. L'adjonction de la sécheuse à un autre appareil ne grève que peu son prix de vente. La sécheuse indépendante coûte beaucoup plus. L'idéal serait de faire choix d'une couveuse où les poussins pourraient sans inconvénient rester pendant quelque temps après leur éclosion.

Les poussins, une fois secs, sont transportés dans l'*Eleveuse* ou *Mère artificielle*. On donne ce nom à un appareil destiné à remplacer la poule et à fournir aux jeunes la chaleur nécessaire à leur bonne venue lorsqu'ils en éprouvent le besoin. En principe, l'éleveuse artificielle est composée d'une chambre dont le plafond bas est recouvert d'une peau de mouton garnie de sa laine ou d'une pièce de flanelle sous laquelle les poussins viendront se réchauffer. Des franges de flanelle ou de drap forment une clôture imparfaite, facile à franchir, et à laquelle les jeunes poulets s'habituent très vite. Le mode de chauffage est excessivement variable : il en existe à eau chaude, à briquettes, à thermo-siphon, à lampe, etc...... La figure ci-jointe (fig. 20) représente l'éleveuse à briquettes construite par la maison Philippe de Houdan. Elle présente comme disposition particulière,

Fig. 20. — Eleveuse à briquettes.

l'avantage d'être montée sur pieds mobiles qui permettent de l'élever au fur et à mesure que les poulets grandissent. On devra dans l'achat d'un tel appareil se laisser guider par les considérations suivantes :

La température devra pouvoir être maintenue facilement entre 20 et 25°. La chaleur devra se répartir uniformément dans la chambre chaude sans qu'une portion soit plus chauffée que l'autre. Les angles en seront arrondis pour éviter l'étouffement de quelques poussins qui parfois s'y pressent les uns contre les autres.

C'est pour obvier à cet inconvénient que M Voitellier a eu l'idée de construire sa *mère à lampe*. Du plafond métallique de l'appareil descendent des tubes de cuivre autour desquels les poussins viennent se chauffer. Ces tubes sont répartis uniformément dans la chambre chaude et ils sont placés à une distance telle que deux poulets seulement peuvent trouver place entre deux tubes voisins. Les poussées ne sont alors plus à craindre.

Ces éleveuses sont placées dans un endroit sain correspondant au parc à élevage dont nous avons parlé dans la première partie de ce chapitre. Elles seront entourées d'une clôture grillagée qui limitera l'espace accordé à la promenade et où sera disposée la nourriture.

Pendant les premiers jours, les poussins sortiront peu. Il faut du reste, prendre les mêmes précautions que celles qui ont été indiquées pour l'élevage naturel, c'est-à-dire se garder surtout de l'humidité. On veillera également à ce que la température ne s'éloigne pas des limites que nous lui avons assignées et par conséquent on chauffera plus ou moins suivant le cas. Si la température extérieure n'est pas trop basse et si les jeunes sont nombreux dans l'appareil on peut cesser de chauffer pendant la nuit. Inutile de dire que les soins hygiéniques ne feront pas défaut et que les éleveuses seront nettoyées avec soin chaque jour.

Vers l'âge de six semaines ou deux mois les poussins commenceront à se passer de la mère ; ils resteront encore un mois dans le parc à élevage qu'ils quitteront alors pour passer dans la catégorie des adultes s'ils ne sont pas livrés immédiatement à la consommation comme *poulets de grain*.

CHAPITRE VI

NOURRITURE DES POUSSINS ET DES ADULTES

I. *Poussins.*

Nous empruntons la plupart des données qui vont suivre aux auteurs dont le nom fait autorité en la matière et dont nous avons consulté les ouvrages avec le plus grand fruit (*V. Bibliographie*).

Nous nous élèverons cependant contre un mode d'élevage qui a été indiqué et qui va, croyons-nous, à l'encontre du but que nous poursuivons. La nourriture des poussins, dit-on, doit être différente suivant qu'ils sont destinés à la reproduction ou à la vente avant ou après engraissement. Nous ne sommes pas de cet avis. Nous devons chercher à obtenir chez nos sujets la précocité, c'est-à-dire un développement le plus rapide possible. Le seul moyen à employer consiste dans la distribution abondante d'une nourriture substantielle et variée. La précocité, il est vrai, n'est pas héréditaire, mais l'aptitude, la prédisposition au développement rapide l'est. Nos reproducteurs nous fourniront alors des poussins qui auront tendance à grossir rapidement pourvu qu'ils reçoivent une nourriture semblable et de qualité égale. C'est pourquoi nous pensons que tant que nos poulets seront jeunes, ils devront être nourris de la même façon. Après avoir dépassé cet âge seulement, la nourriture variera et les élèves seront soumis au régime spécial propre à la catégorie dans laquelle ils seront versés.

La distribution de la nourriture et de la boisson nécessite dans le parc à élevage la présence d'un mobilier spécial. Ce mobilier aussi simple que possible comprendra :

Des *billots à pâtée*, formés d'un pied cylindrique en bois surmonté par une tige de même matière fixée à son centre (*fig.* 21). Autour de cette tige se fixe la pâtée que les poussins prennent à volonté.

Des *augettes* destinées à recevoir les graines ou les

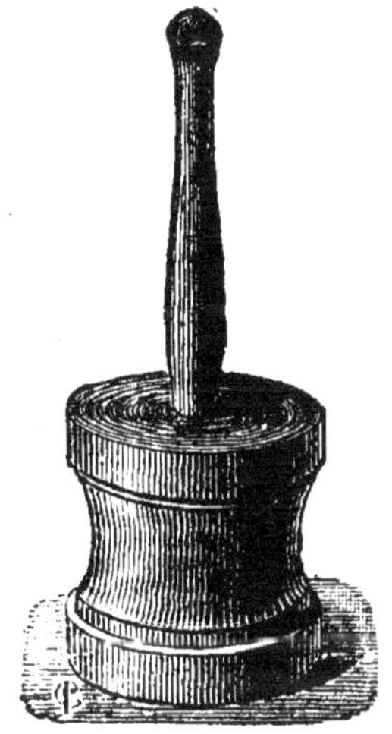

Fig. 21. — Billot à pâtée.

pâtées sèches. Une bonne disposition (*fig.* 22) consiste dans la présence de séparations en fil de fer permettant à chaque poulet de pouvoir prendre sa nourriture sans être gêné par les autres. Ces séparations possèdent aussi l'avantage d'empêcher les jeunes de grimper dans l'auge et conséquemment réduisent au minimum les pertes.

Des *abreuvoirs*. On en trouve dans le commerce de diverses formes. Les appareils ordinaires sont en terre cuite ou en métal. Peu importe la forme pourvu qu'ils soient peu profonds afin que les poussins ne puissent s'y noyer. Une simple assiette peut très bien en tenir lieu. Nous

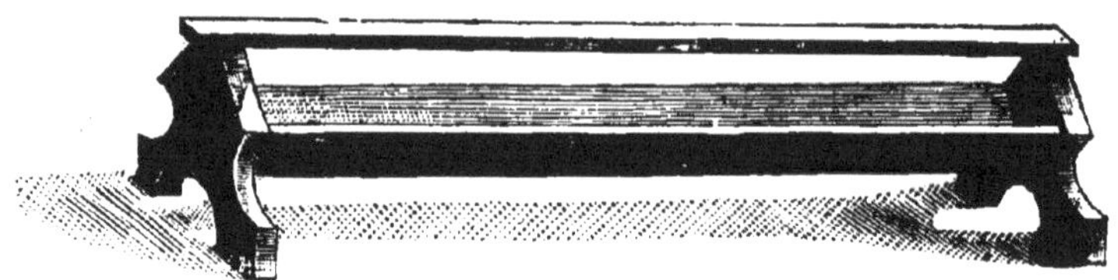

Fig. 22. – Augette à grains.

recommanderons de préférence les *abreuvoirs syphoïdes* qui présentent de multiples avantages (*fig.* 23 et 24). Ils ne se renversent que très difficilement étant donnée leur forme, ils contiennent une quantité d'eau suffisante

Fig. 23 et 24. — Abreuvoirs syphoïdes.

pour qu'on n'ait pas à les remplir trop souvent et enfin le liquide n'étant fourni qu'au fur et à mesure des besoins, il se maintient propre, la surface exposée à l'air étant restreinte. Cette dernière considération est surtout importante. On peut réaliser à bon compte un abreuvoir de ce système en renversant tout simplement une bouteille pleine d'eau dans une soucoupe.

Dans son bas âge, le poussin n'a pas besoin d'une grande quantité de nourriture ; il lui en faut peu à la fois, mais assez souvent. On estime que quatre repas par jour sont nécessaires. On espacera ces repas à intervalles à peu prés égaux dans le courant de la journée. Une fois que les heures sont choisies, une grande exactitude est indispensable. Il est impossible de fixer des chiffres précis relativement à la quantité de nourriture à distribuer. L'appétit est ici le seul guide ; plus nos poulets mangeront, plus vite ils se développeront. Nous en déduisons que tous les moyens destinés à augmenter leur appétit devront être employés: nourriture choisie, variée dans la mesure du possible, présentée sous le meilleur aspect, etc... Il ne faudrait cependant pas verser dans l'excès contraire et en donner une trop forte proportion, on subirait de ce chef des pertes plus ou moins importantes proportionnelles aux quantités non ingérées. L'habitude et l'observation auront vite fait de renseigner l'éleveur sur ce point.

Pendant les premiers jours on distribuera un mélange de mie de pain, d'œufs durs et de verdure, particulièrement de la salade. Le tout sera haché aussi finement que possible et mélangé de façon à obtenir une matière pulvérulente parfaitement homogène. En même temps on donnera des grains de faibles dimensions, millet ou riz par exemple ou des grains cuits (blé, orge, etc...).

Comme variantes, de la chapelure (1) gonflée dans une petite quantité de lait, des pâtées formées de farines et de lait dans la proportion d'un litre de ce liquide par kilogramme de farine.

La nourriture animale vient ensuite apporter son appoint. Elle consiste en viande à bas prix ayant subi une cuisson incomplète (une demi heure d'ébullition suffit) mélangée comme précédemment avec de la mie de pain et des matières végétales tendres. On aura soin d'arriver à obtenir

(1) On donne ce nom à du pain séché au four et pilé ensuite pour le réduire en petits morceaux.

une consistance granuleuse en augmentant ou diminuant suivant le cas l'une ou l'autre des substances indiquées.

Au moment de l'apparition des premières plumes, c'est-à-dire vers le dixième ou le douzième jour, on ajoutera aux pâtées quelques pincées de poudre de quinquina ou de gingembre. C'est là un stimulant qui aide aux poussins à franchir sans encombre cette crise peu dangereuse.

On continuera ces distributions variées jusqu'à ce que les jeunes quittent leur mère naturelle ou artificielle, jusqu'à la cinquième ou la sixième semaine suivant le cas. Ils sont devenus beaucoup plus rustiques et nécessitent par conséquent moins de soins attentifs.

Leur nourriture sera moins délicate et d'une consistance plus accusée. Les pâtées seront composées de la façon suivante : 1 litre de liquide, 1 k. 100 de farine et 200 grammes de grains. Le millet, le riz seront supprimés ; on les remplacera par le blé, l'avoine, le sarrazin, l'orge, etc. etc... On continuera mais à intervalles plus éloignés la nourriture animale qui a le défaut de pousser à la constipation.

Si les poulets ont été nourris abondamment, vers l'âge de trois mois à trois mois et demi, un certain nombre peuvent être livrés à la consommation. On les désigne alors sous le nom de *poulets de grain* et ils atteignent sur le marché des prix élevés surtout s'ils arrivent en première saison. D'après ce que nous avons dit au début il est évident que cette vente ne sera faite qu'après le triage des reproducteurs et que à aucun prix nous ne traiterons de cette façon les sujets les meilleurs, ceux que leurs formes correctes et leur développement plus rapide nous aurons fait distinguer.

Ceux que nous conserverons soit comme reproducteurs, soit pour leur faire subir la pratique de l'engraissement pour en retirer une plus grande somme d'argent, passeront alors dans la catégorie des adultes.

Disons en terminant qu'il est bon de maintenir constamment dans l'eau des abreuvoirs une petite proportion de sulfate de fer en dissolution et que si les poussins se montrent souffreteux on y ajoutera un peu de vin.

II. *Nourriture des adultes.*

Les considérations que nous avons exposées au début du chapitre précédent traitant de la nourriture des poussins n'ont plus ici leur raison d'être. Nous établirons dans notre basse-cour d'adultes deux catégories : l'une comprenant les reproducteurs proprement dits, coqs et poules pondeuses, l'autre se composant des individus destinés à être portés au marché après avoir subi un engraissement plus ou moins complet. Chacune de ces catégories recevra une nourriture appropriée ayant pour but d'arriver à une production maxima dans l'un et l'autre cas. Nous savons, en effet, que les poules grasses pondent peu et que d'autre part la ponte peut être augmentée sous l'influence d'une nourriture spéciale dont il a été parlé au chapitre de la production des œufs. D'un autre côté, nos poulets engraisseront d'autant mieux qu'ils auront été entraînés de plus longue main à subir les effets d'une nourriture abondante et riche en principe substantiels. Il y a donc en quelque sorte antagonisme entre les deux genres de production d'où la nécessité absolue d'établir les deux divisions dont nous parlions plus haut. La nourriture des reproducteurs devra être dirigée de façon à les porter à remplir au mieux leurs fonctions : elle sera excitante, échauffante, poussera à la production des œufs, mais dans tous les cas elle sera donnée en quantité telle qu'elle les maintienne seulement en état, sans qu'ils maigrissent ni qu'ils engraissent. Celle destinée aux poulets qui devront être engraissés sera au contraire plus riche et conséquemment comportera une plus forte proportion de grains et de farineux de toutes sortes. Le tout leur sera distribué à satieté étant donné que la production est en raison directe de la consommation. On se gardera cependant de verser dans l'excès contraire et on évitera les pertes de nourriture qui viendraient restreindre d'autant les bénéfices de l'opération.

En ce qui concerne les reproducteurs, la ration se composera de trois catégories d'aliments :

1° Des grains, graines, farines, tubercules.

2° Des herbages cuits.

3° Des substances animales.

Il ne faut en effet pas perdre de vue que la poule est un oiseau omnivore et comme tel, ne saurait se passer au moins pendant un certain temps d'aliments fortement azotés.

Tous les grains, graines ou farines peuvent entrer dans la composition de la ration ; il faut seulement veiller à exclure ceux qui sont d'une qualité inférieure ou qui sont avariés. Ils pourraient être la cause de l'apparition de maladies épidémiques ou d'indispositions souvent fort difficiles à faire disparaître de la basse-cour. Les grains excitants comme l'avoine, le sarrazin et, en petite quantité le chènevis sont surtout recommandables. Les farines seront de préférence mélangées avec les pommes de terre ou les herbes cuites pour en former des pâtées.

Toutes les herbes peuvent servir pourvu qu'elles ne contiennent pas de principes vénéneux ou nuisibles à la santé des volailles. La ménagère poura tirer parti d'un grand nombre de matières végétales qui n'ont d'habitude aucun emploi et qu'on jette au fumier. Les orties, les herbes provenant du sarclage du jardin seront ici d'un grand secours.

Il n'est guère nécessaire de s'occuper de la nourriture animale lorsque les poules jouissent d'un grand parcours. En vaguant çà et là autour de la ferme, elles font une ample moisson d'insectes, de larves, de vers de terre, etc... : cela leur suffit.

Dans le cas contraire, il faut y songer. On peut employer

à cet usage des rognures de viande à bas prix lorsqu'on peut s'en procurer facilement. Le sang cuit, les résidus de la fonte des suifs servent également. Enfin, au moment des labours et dans les années favorables, on fera suivre la charrue par des femmes ou des enfants munis de paniers, qui ramasseront les larves, surtout celles du hanneton, ramenées à la lumière. Il y a de ce chef double bénéfice. Les récoltes subséquentes auront moins à souffrir de l'attaque des larves et on se procurera une nourriture très appréciée des habitants de la basse-cour. Dans quelques contrées, après la moisson ou au moment des labours, on se contente de transporter les volailles dans les champs où elles font elles-mêmes la récolte des larves et des insectes et utilisent sur place les graines diverses qui sont restées éparses sur le sol. Le transport s'effectue au moyen de voitures spécialement aménagées à cet effet et appelées *poulaillers roulants*. Elles comportent à l'intérieur des juchoirs et des pondoirs. Chaque soir on les enferme soigneusement pour éviter les dégâts qu'y pourraient causer les renards ou autres carnassiers et chaque matin on donne la liberté aux habitants qu'elles renferment.

C'est là un excellent moyen de purger les terres des insectes de toutes sortes vivant aux dépens des récoltes et en même temps un procédé économique pour procurer aux volailles la nourriture qui leur est indispensable.

Le poulailler roulant devra être construit le plus économiquement possible et dans ces conditions son emploi ne peut être que conseillé.

Il ne faut user des larves qu'avec modération : prises en trop forte proportion elles ont l'inconvénient de communiquer aux œufs un goût particulier qui n'est pas apprécié par tous les consommateurs. La nourriture animale ne sera fournie qu'une fois ou deux par semaine seulement, les autres substances seront données à tour de rôle pour varier le menu et exciter l'appétit surtout chez les poulets que nous engraisserons plus tard.

A l'encontre de ce que nous avons écrit au sujet des poussins, nous pouvons fixer ici des chiffres moyens indiquant la quantité de nourriture journalière à distribuer aux adultes. D'après Bréchemin, « une volaille de moyenne grosseur nécessite environ 80 grammes de grain par jour ou une nourriture équivalente à laquelle on peut ajouter une quantité égale de verdure » (*Poules et Poulaillers*).

Pour les poulets destinés à être livrés à la consommation les matières nutritives seront les mêmes. On laissera toutefois de côté les grains échauffants, ils n'en ont nul besoin. On les remplacera par une quantité équivalente de farines ou de tubercules cuits. La distribution leur sera faite aussi d'une façon plus généreuse et au besoin on ajoutera à la ration des substances condimentaires pour augmenter leur consommation journalière.

La nourriture sera distribuée avec la plus grande régularité, toujours aux mêmes heures. Deux repas par jour sont suffisants : un le matin au moment de l'ouverture du poulailler, un second le soir un peu avant l'heure du coucher. C'est là un excellent moyen pour empêcher les vagabonds de la basse-cour de déserter l'abri commun et d'aller coucher dehors. Aux poulets qu'on ne conservera pas comme reproducteurs, on peut donner un repas supplémentaire vers le milieu du jour.

La présence d'augettes destinées à recevoir la provende s'impose encore ici en toute nécessité. On évite par leur emploi des pertes toujours trop considérables lorsqu'on a la mauvaise habitude de répandre la nourriture sur le sol. De même les abreuvoirs ne devront jamais faire défaut et on aura soin d'y entretenir constamment une eau claire et limpide.

Nous agirons ainsi, pour nos reproducteurs jusqu'à ce qu'ils aient atteint l'âge de réforme et pour nos poulets jusqu'à ce qu'ils aient atteint un développement suffisant pour être livrés avec fruit à l'engraissement.

CHAPITRE VII

ENGRAISSEMENT DES POULETS

L'engraissement a pour but d'obtenir des poulets de plus fort poids, ayant une viande de meilleure qualité et conséquemment acquérant sur le marché un prix plus élevé. Il est caractérisé par un dépôt de matière grasse s'effectuant dans le tissu conjonctif.

Pour que l'engraissement réussisse au mieux des intérêts de l'engraisseur, plusieurs conditions doivent être remplies. Il faut :

1° Que le poulet soit arrivé à un certain état de développement ;

2° Qu'il soit placé dans un local baigné par une atmosphère chaude et humide où règne une demi-obscurité et où la place lui sera parcimonieusement mesurée à seule fin qu'il ne puisse exécuter que le moins de mouvements possible ;

3° Qu'il soit soumis à une alimentation spéciale.

Examinons successivement ces trois conditions :

1° Pour utiliser au mieux la nourriture qu'il reçoit, le poulet à l'engrais doit avoir atteint un développement tel que l'évolution de son squelette soit à peu près terminée. L'individu trop jeune s'engraisse mal et revient à un prix beaucoup trop élevé pour que l'opération soit économique. On comprendra facilement pourquoi. La nourriture choisie qui lui est distribuée est déviée de la direction qu'on veut lui imprimer ; au lieu de se disposer sous forme de graisses, une portion plus ou moins considérable sert au développement du squelette et de la masse musculaire. Le kilogramme d'accroissement coûte alors beaucoup plus cher qu'avec la nourriture ordinaire.

Il ne faut pas non plus attendre trop longtemps. Chez les volailles âgées, les fibres musculaires sont devenues plus rigides et se laissent moins facilement pénétrer par la graisse. Il en est de même du tissu conjonctif sous-cutané qui a pris, si l'on peut dire, une compacité plus grande. De sorte que l'engraissement d'une volaille âgée demande une plus grande somme de matière nutritive et n'arrive jamais au point où on peut l'amener chez les sujets se présentant dans les conditions voulues.

Or, nous avons vu (Description des races) que toutes n'arrivent pas à l'âge adulte à la même époque ; que s'il en est de précoces, il en est beaucoup d'autres qui pèchent sous ce rapport. Il est donc impossible de fixer, pour le moment propice à l'engraissement, un âge moyen s'appliquant à toutes les races à la fois. L'expérience renseignera sur ce point.

Pour les individus doués d'une grande précocité, comme ceux que fournissent les races de Houdan, de Dorking, etc... on peut engraisser à partir du quatrième mois qui suit la naissance. Ceux qui, par contre, sont tardifs, comme ceux provenant de la race commune, de la race de la Flèche, etc... ne pourront être soumis à cette pratique que plus tard vers le septième ou même le huitième mois. Tous les intermédiaires peuvent se rencontrer et c'est à la fermière à juger, d'après l'état de développement de ses sujets, quand le moment propice sera venu.

2° Les conditions indiquées au § II ont pour but, lorsqu'elles sont remplies, de réduire au minimum toutes les pertes provenant de l'action des agents extérieurs ou d'un exercice violent.

L'animal placé dans un local à température trop basse

brûle une partie de sa substance pour élever son propre calorique ; celui qui est logé trop chaudement subit également des pertes par évaporation. On a reconnu que le degré optimum dont on devait se rapprocher était compris entre 12 et 15° centigrades. Il est certain également qu'une lumière trop vive nuit à l'engraissement en accélérant les combustions internes d'où la nécessité de placer les sujets dans une demi-clarté.

Chacun des mouvements exécutés par l'animal se traduisant par une déperdition de sa propre substance, il est inutile d'insister sur l'importance de l'exiguité du logement. Dans ces conditions, dès qu'il aura mangé, le poulet se couchera, ne pouvant se mouvoir qu'avec difficulté et assimilera ainsi dans le calme et le silence, au mieux de nos intérêts.

Le local où se fera l'engraissement sera donc situé en un endroit retiré où, autant que possible, les bruits du dehors n'auront pas accès. Tout ce qui pourrait distraire les volailles de la quiétude dans laquelle elles doivent toujours se trouver doit être soigneusement éloigné d'elles.

3° La troisième condition n'a pas besoin d'être expliquée avec de longs détails. Etant donné que nous voulons produire de la graisse, la ration alimentaire devra être composée de façon à pousser à cette production. Nous verrons plus loin comment on peut l'établir et quelles sont les denrées qui peuvent être le plus avantageusement employées à ce sujet.

Aujourd'hui encore, en certains endroits, on fait subir aux coqs avant de les engraisser l'opération de la castration ou *chaponnage*, consistant à les priver de leurs glandes reproductrices, de leurs testicules. Il est douteux qu'on ait jamais castré les femelles. La constitution de l'ovaire rend cette opération difficile. Telle qu'elle a été indiquée par quelques auteurs, elle consistait dans l'enlèvement d'organes particuliers qui n'ont qu'un rapport bien éloigné avec la glande génitale proprement dite.

Le chaponnage, au contraire, est une opération d'une assez grande simplicité et dont l'exécution entraîne rarement des suites fâcheuses si l'on prend quelques précautions. Il faut seulement éviter de chaponner par un temps trop chaud ou trop froid et opérer de préférence le matin, les coqs étant à la diète depuis la veille au soir.

Voici comment se pratique cette opération :

Un aide maintient le patient couché sur le côté gauche en dirigeant les pattes et les ailes de façon à découvrir le flanc droit. L'opérateur enlève d'abord quelques plumes de cette région pour la mettre à nu, puis armé d'un bistouri ou d'un instrument bien tranchant il incise avec précaution la peau en arrière des côtes sur une longueur d'environ trois centimètres. La masse intestinale se montre alors recouverte par le péritoine qu'il faut également percer. Pour éviter de léser l'intestin on soulève cette membrane avec une petite pince et on la sectionne à l'aide du même outil qui a servi pour la peau ; la cavité abdominale est ouverte.

Le doigt, refoulant l'intestin est introduit dans cette cavité et va à la recherche des testicules. Ceux-ci sont placés le long de la colonne vertébrale en avant de la région lombaire. Ce sont deux masses réniformes, de couleur blanche, faisant assez fortement saillie au-dessus de la colonne osseuse. On en détache d'abord un à l'aide de l'ongle en évitant d'aller trop brusquement ; lorsque ses adhérences sont détruites, il est ramené par le doigt plié jusqu'à l'ouverture et rejeté au dehors On recommence de même pour le second. On ferme ensuite la plaie à l'aide de quelques points d'aiguille munie d'un fil ciré, on l'enduit d'un corps gras quelconque, saindoux, vaseline, etc..., et l'opération est terminée. Il n'y a plus qu'à placer les chapons dans un local muni d'une bonne litière et dépourvu de tout ce qui pourrait servir de juchoir. Pendant huit jours on les soumettra à une demi-diète et après ce temps la plaie étant cicatrisée, il n'y a plus à s'en occuper d'une façon spéciale.

On a l'habitude de couper au moment du chaponnage, la crête et les barbillons des individus opérés; parfois même on détache les ergots des tarses et on les greffe à la place de la crête. Ce sont là des pratiques sans importance ayant tout au plus l'avantage de permettre la reconnaissance plus facile des oiseaux émasculés. Il en résulte de légères hémorrhagies qu'on arrête rapidement en saupoudrant la plaie avec un peu de cendres ou de farine.

Quelques opérateurs font l'incision préparatoire non à l'endroit que nous avons indiqué plus haut mais sur la ligne médiane un peu au dessus de l'anus. Le poulet doit alors être couché sur le dos. Il n'y a nul inconvénient lorsque le sujet est de petite taille, dans le cas contraire la longueur du doigt ne permet pas d'atteindre les glandes génitales à l'endroit qu'elles occupent. Le premier procédé devra donc être préféré et l'incision latérale sera faite d'autant plus près de la dernière côte que le sujet aura une taille plus élevée.

Cette opération, du reste, se pratique de moins en moins. On a reconnu que le poulet non castré s'engraissait aussi facilement et fournissait une viande d'aussi bonne qualité lorsqu'on opérait sur des sujets *vierges*, chez lesquels l'instinct génésique n'a pas encore fait son apparition. Il sera donc bon de séparer les sexes quelque temps avant de commencer l'engraissement qui portera alors sur des coqs n'ayant eu aucun rapport avec les femelles et sur des poules n'ayant pas encore commencé à pondre.

On connaît d'après Mégnin (*Elevage et Engraissement des Volailles*) cinq modes principaux d'engraissement, à savoir :

1° Engraissement naturel.
2° » en épinettes.

3° » par gavage au moyen de pâtons.
4° » » » à l'entonnoir.
5° » » » mécanique.

Les quatre premiers surtout nous intéressent, le cinquième est plus particulièrement employé lorsqu'on a à traiter en même temps un nombre élevé d'oiseaux. Il s'agit alors plutôt d'une industrie spéciale qui ne trouve pas toujours son application directe dans une ferme où le nombre des volailles à l'engrais est le plus souvent assez restreint.

La méthode par engraissement naturel est de beaucoup la moins dispendieuse et la plus simple dans son emploi. Elle ne permet pas toutefois d'arriver à la perfection, avec elle on obtient des poulets demi-gras tout simplement.

Elle consiste à restreindre le parcours habituel des volailles, à leur donner moins de liberté et à leur fournir en même temps une nourriture plus abondante et de meilleure qualité que celle qu'elles recevaient habituellement. On pourra pour cela les maintenir prisonnières dans une cour ou un enclos de faible contenance. La ration alimentaire distribuée trois fois par jour sera surtout composée de grains cuits, de farines et de pommes de terre cuites. L'ensemble constituera des pâtées extrêmement nutritives qu'on leur donnera en aussi forte proportion que possible. En trois semaines, ce régime suffit pour amener les poulets à l'état demi-gras. Si l'on veut pousser plus loin, l'augmentation journalière ne paie plus ou plutôt paie incomplètement la nourriture consommée, de sorte qu'il n'est pas économique d'aller au delà. L'engraissement naturel suffira la plupart du temps pour les oiseaux consommés à la ferme ou vendus sur les marchés des petites villes voisines. Là on ne trouve pas toujours des débouchés suffisants, pour ceux dont l'état de graisse est plus prononcé.

L'engraissement en *épinettes* est une variante de l'engraissement naturel. Les poulets reçoivent la même nourriture que précédemment. Cette nourriture est mise à leur disposition de façon qu'ils puissent en prendre autant qu'ils veulent et au fur et à mesure de leurs besoins.

On les enferme dans des cages de faible dimension où l'espace est juste suffisant pour eux. Les pertes résultant de l'exercice, du mouvement sont réduites au minimum possible. Ces cages ou *épinettes* (fig. 25) sont construites en bois et peuvent contenir plusieurs volailles séparées les

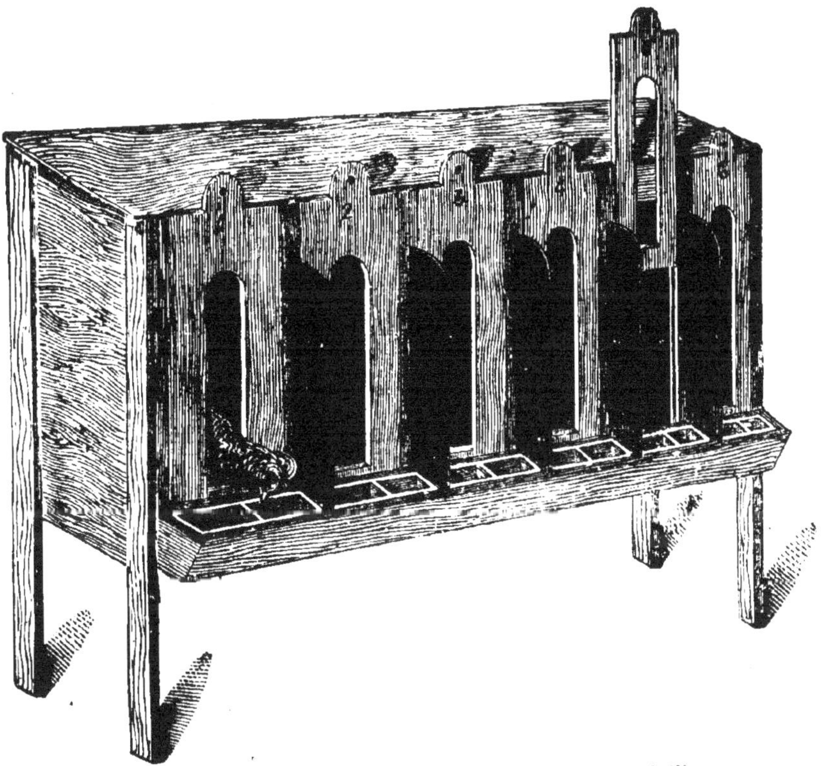

Fig. 25. — Epinette pour l'engraissement des volailles.

unes des autres. Chaque case est close de toutes parts sauf en avant où une ouverture a été ménagée. Par cette ouverture, le poulet passant la tête et le cou peut atteindre la nourriture et la boisson placées à proximité dans des auges. Il faut ici un mois à un mois et demi pour obtenir un état d'embonpoint suffisant. On n'oubliera pas de varier aussi souvent que possible la composition de la ration pour exciter l'appétit de l'oiseau. D'ordinaire cette ration est divisée en trois repas donnés à intervalles réguliers dans le courant de la journée.

Dans les autres procédés non seulement les volailles sont privées de liberté, mais encore la nourriture leur est donnée de force. C'est l'opération du *gavage* qui s'opère comme nous l'avons déjà dit de trois façons. Les différences résultent du mode de distribution de la nourriture correspondant à l'état physique de la substance alimentaire ou à la nature de l'instrument qui sert à sa distribution.

1° *Gavage au moyen de pâtons.* — Les poulets sont enfermés dans des cases presque obscures où ils ne peuvent exécuter que de faibles mouvements et d'où on les retire au fur et à mesure pour leur faire prendre leur nourriture. Celle-ci est préparée de la façon suivante :

On fait un mélange de diverses farines dans la proportion suivante :

Farine d'avoine. . . .	1	partie
» d'orge	2	»
» de sarrazin. . .	3	»

Ce ne sont pas les seules qu'on puisse employer, suivant qu'on aura telle ou telle à sa disposition on pourra faire des remplacements en tenant compte toutefois de la valeur nutritive respective des différents farineux.

Ce mélange de farineux est délayé avec du lait de façon à en former une pâte de consistance moyenne, ni trop molle, ni trop ferme. On la roule alors en pâtons de forme cylindrique ayant environ cinq à six centimètres de long sur un centimètre à un centimètre et demi de diamètre. Ce sont ces pâtons qu'on fait avaler aux poulets en s'y prenant de la façon suivante.

La volaille est maintenue entre les genoux du *gaveur* par une pression modérée des cuisses. A l'aide de la main gauche on saisit la tête sur laquelle on opère une légère traction destinée à allonger le cou. Le pouce de la même main s'insinue entre les mandibules et tient le bec ouvert. La main droite restée libre saisit un pâton dans le récipient qui les contient et qu'on a eu soin de placer à sa portée. Ce pâton est trempé dans de l'eau ou du lait pour faciliter son glissement, puis introduit jusque dans le fond de la cavité buccale. Le doigt le pousse ensuite à l'entrée de l'œsophage. Par une légère pression, à l'aide du pouce faisant opposition aux autres doigts, on le fait descendre le long du cou jusqu'à ce qu'il arrive dans le jabot. On recommence la même opération autant de fois qu'il est nécessaire, la volaille est alors remise en place et on passe à la suivante. On fait boire une cuillerée d'eau ou de lait avant et après le gavage.

Le nombre de pâtons à faire consommer varie avec la taille de l'oiseau et la période de l'engraissement. Au début, cinq à six pour chaque repas sont suffisants ; on augmente ensuite graduellement pour arriver au ciffre de douze à quinze.

Pour des raisons d'économie faciles à comprendre (main d'œuvre, temps employé) on limite le nombre des repas à deux. Par ce procédé il faut un à deux mois suivant les sujets pour arriver à un engraissement complet. La quantité de farine nécessaire est donc variable, M. Mégnin indique comme moyenne, de 20 à 30 litres par tête.

2° *Gavage à l'entonnoir.* — Ce procédé a été imaginé pour restreindre le temps nécessaire à la distribution de la nourriture lorsqu'on emploie les pâtons.

Les mêmes substances alimentaires sont employées, le

mode de préparation et de distribution seul change. Les farines sont délayées aussi parfaitement que possible dans un liquide composé mi-partie d'eau, mi-partie de lait. La dose est de 350 grammes de farines par litre de liquide. On obtient ainsi une pâte claire capable de s'écouler facilement par une ouverture d'un diamètre relativement faible. On se sert pour distribuer cette bouillie d'un entonnoir représenté dans la figure suivante. C'est un entonnoir ordinaire dont l'extrémité est coupée en sifflet et munie d'un bourrelet parfois garni de caoutchouc pour éviter les blessures (fig. 26).

L'entonnoir est d'abord introduit dans la cavité buccale à la faveur des mêmes manipulations que celles employées pour le gavage aux pâtons. Puis à l'aide d'une cuiller, on y verse la bouillie qui s'écoule doucement et pénètre jus-

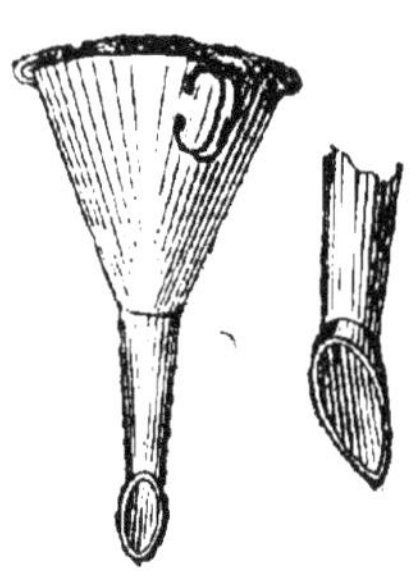

Fig, 26. — Entonnoir pour l'engraissement des volailles.

qu'au jabot. La main droite soupèse cet organe et juge de son degré de remplissage. Lorsqu'il est plein on s'arrête. Au début on donne environ 6 centilitres à chaque repas, puis on augmente progressivement pour arriver à la dose normale de 12 centilitres. Comme l'opération se pratique beaucoup plus rapidement, on peut donner ici trois repas dans la même journée : le matin, à midi et le soir. Il faut par ce procédé trois semaines à un mois pour arriver à l'engraissement parfait.

3° *Gavage mécanique.* — Nous n'en dirons que quelques mots. Mis en pratique pour la première fois par M. Odile Martin à Cusset (Allier) il n'est autre qu'un perfectionnement du gavage à l'entonnoir. Sa caractéristique consiste dans le remplacement de cet ustensile par des appareils mécaniques appelés *Gaveuses.* Nous n'entrerons pas dans les détails de construction de ces appareils. Tous sont basés sur le même principe. Ils se composent d'un récipient cylindrique qui reçoit la bouillie nutritive. Ce récipient porte à sa partie inférieure un ajutage muni d'un tuyau flexible se terminant par une canule qu'on introduit dans le bec du poulet. Dans le cylindre, un piston actionné diversement presse sur la nourriture et la force à s'écouler par la canule. La pression peut être intermittente ou constante. Elle s'obtient dans le premier cas à l'aide d'un levier manœuvré à la main ou au pied par l'intermédiaire d'une pédale, dans le second à l'aide d'un contre poids. La gaveuse Philippe que représente la figure ci-jointe (fig. 27) est d'un modèle un peu différent. La pression s'exerce non pas dans le cylindre de l'appareil, mais sur le tube flexible. Le résultat est le même ; quel que soit l'appareil, à chaque coup de piston ou de pédale une quantité de nourriture déterminée doit s'écouler. On obtient ce résultat en limitant la course du piston ou bien dans les modèles à pression continue une aiguille se mouvant sur un cadran indique en centilitres le volume de la pâtée distribuée.

La préparation de la bouillie est la même que lorsqu'on emploie l'engraissement à l'entonnoir, sa fluidité doit être suffisante pour qu'elle passe facilement dans l'appareil. Voici une formule indiquée par M. Mégnin dans l'ouvrage dont nous avons déjà parlé et où nous avons pris les renseignements relatifs à cette partie :

Farine de maïs . . .	1 kilogramme
» d'orge	1 »

Lait écrémé . . .	2 litres 5
Eau	2 » 5

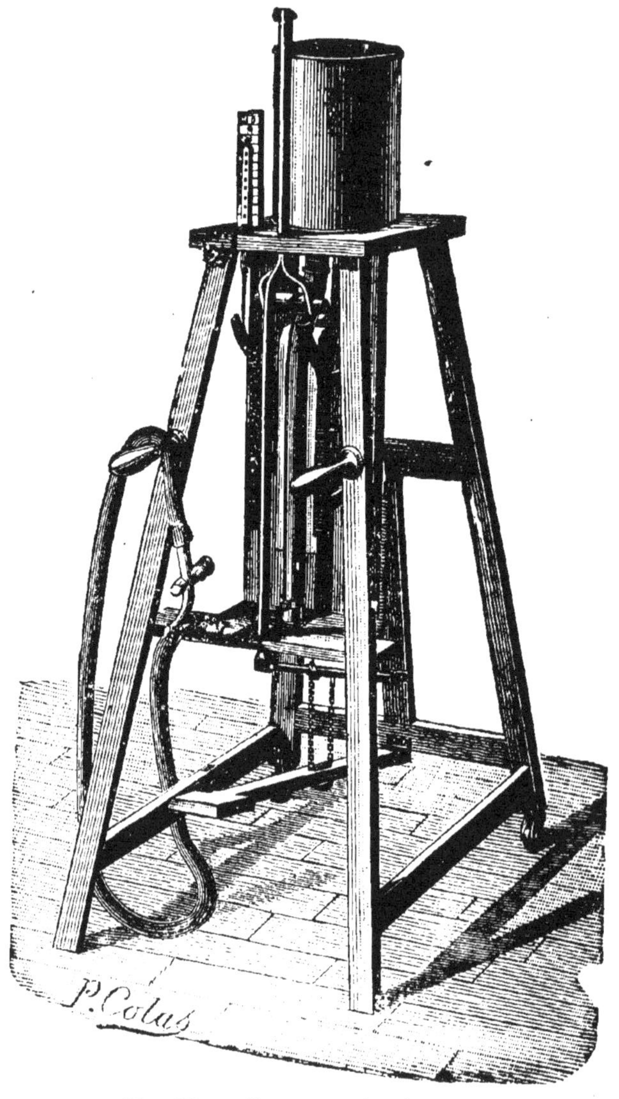

Fig. 27. — Gaveuse mécanique.

La distribution se fera en trois repas. On débutera par 6 centilitres à chaque repas pour arriver à 12 vers le quatrième jour. Il y a du reste un maximum qu'il ne faut dépasser sous aucun prétexte et qui est proportionnel au poids des sujets à l'engrais. Il est pour un poulet de

1 k.	de	12	centilitres
1.200	—	14	»
1.600	—	18	»
2. »	—	22	»
2.200	—	24	etc..., en augmentant

ainsi de 2 centilitres pour un accroissement de poids de 200 grammes.

Les épinettes dans lesquelles sont enfermées les volailles doivent être tenues dans un état de propreté parfaite. Les meilleurs modèles sont ceux dont le nettoyage est le plus facile. On effectuera ce nettoyage chaque fois qu'il en sera besoin, au moins une fois tous les jours. Les appareils de gavage seront aussi nettoyés et lavés avec le plus grand soin ; l'eau provenant du lavage contenant une certaine proportion de substances alimentaires pourra servir à la préparation des pâtées ou des bouillies du lendemain.

Tels sont les procédés d'engraissement applicables aux volailles.

Préparation pour la vente. — Il ne suffit pas de savoir élever et engraisser ; lorsqu'on porte les sujets sur le marché pour les échanger contre de bel et bon argent, il faut encore savoir donner à sa marchandise une apparence séduisante qui force pour ainsi dire l'attention de l'acheteur et l'engage à s'en rendre acquéreur. C'est là un point trop souvent négligé pour ne pas dire toujours, et qui cependant présente une réelle importance.

Les poulets sont livrés au commerce sous deux états, morts s'ils ont été engraissés, vivants dans le cas contraire.

En ce qui concerne les poulets vivants, tout l'art de la

préparation consiste à leur donner un aspect engageant et à le leur conserver jusqu'au moment de la vente. Quelques jours auparavant, on leur donnera une nourriture rafraîchissante qui aura pour effet de rendre les reflets du plumage plus apparents. Lors du transport il faudra se garder de les empiler dans des paniers trops petits. Sinon leur plumage s'altère, s'abime, ils se fatiguent et ont alors un aspect peu agréable. Ce sont là des soins qui coûtent peu et qui cependant sont largement rémunérés. Le poulet présentant les apparences d'une santé florissante sera toujours vendu plus facilement et mieux que celui qui semble débile et souffrant.

Pour les volailles engraissées et livrées mortes, la préparation est un peu plus difficile et exige plus de soins.

La mise à mort aura lieu douze à quinze heures après le dernier repas. On se servira pour effectuer cette opération d'un instrument bien tranchant qu'on introduira jusqu'au fond de la bouche pour couper les gros vaisseaux sanguins qui passent à cet endroit. Dès que le sang s'écoulera la volaille sera suspendue par les pattes jusqu'à ce qu'elle soit parfaitement exsangue. On évite ainsi les plaies extérieures peu agréables à l'œil, qui sont souvent visitées par les mouches et qui peuvent restreindre la durée de la conservation.

Il faut alors vider tout au moins en partie la cavité interne du corps des organes qu'elle renferme. A cet effet, le doigt indicateur est introduit dans l'intestin par l'anus. D'un mouvement brusque l'ongle traverse les parois intestinales et le doigt ramené doucement en dehors entraîne avec lui le tube digestif qui est tiré avec précaution de façon à faire sortir jusqu'au gésier.

On plume ensuite partiellement et avec les plus grandes précautions pour éviter de déchirer la peau. Les plumes sont laissées sur la tête, les ailerons et la queue. Il ne s'agit plus que de donner à la poularde une forme qui mette en vedette son état. C'est ce qu'on appelle *dresser* une volaille.

On commence par ramener les pattes le long du corps et replier le bout des ailes en arrière sur le dos. Puis on presse sur le thorax pour briser le sternum et mettre en évidence les masses graisseuses existant sur les flancs. Enfin on entoure le sujet de bandes de toile fine préalablement trempées dans du lait en serrant ces bandes autant que possible. Les poulets ainsi préparés sont pressés les uns contre les autres et chargés d'un poids destiné à leur donner une forme régulière presque cubique. Au bout de quelques heures, lorsqu'ils sont refroidis, on enlève les toiles et on expédie. On obtient ainsi des sujets parfaitement blancs et donnant l'apparence d'une chair à grain excessivement fin.

On recommande, dans les temps chauds, de tremper la volaille plumée et vidée pendant une demi-heure dans l'eau froide avant de l'envelopper dans la toile. Se garder par dessus tout d'exposer à la gelée, la durée de conservation après le dégel étant alors diminuée.

CHAPITRE VIII

LA PINTADE

Origine. Variétés. Elevage.

La pintade commune (fig. 28) (*Numida meleagris*) est originaire de l'Afrique septentrionale et plus particulièrement de l'ancienne province de Numidie qui lui a donné son nom. Elle y vit encore aujourd'hui à l'état sauvage.

Elle fut introduite en Europe à une époque très reculée ; les historiens romains nous ont laissé des descriptions de

Fig. 28. — Pintade commune.

la « *Poule de Numidie* » qui ne peuvent donner lieu à aucun doute. Cependant, soit que le climat lui ait été défavorable, soit toute autre cause ; elle disparaît bientôt pour être réimportée à nouveau par les Portugais vers 1760. Ces nouveaux individus provenaient également d'Afrique.

Depuis, la pintade s'est répandue un peu partout, mais moins cependant que le dindon dont nous parlerons plus loin. Cette différence dans l'extension prise par ces deux espèces tient à diverses causes dont les principales sont les suivantes :

Domestiquée d'une façon imparfaite encore, la pintade est un oiseau vagabond qui s'accommode mal de la claustration et qui au moment de la ponte fait tout son possible pour soustraire ses œufs à la vue de la fermière. Elle se rend dans les haies, les buissons, les champs même, quelquefois à une grande distance de la ferme pour y déposer ses œufs dans un nid rudimentaire. Une surveillance de tous les instants est donc nécessaire à cette époque.

D'autre part, douée d'un caractère batailleur, irascible, elle fait la guerre aux autres habitants de la basse-cour qu'elle poursuit de ses coups de bec et qu'elle semble ne pouvoir souffrir. Enfin son cri perçant, désagréable, entre aussi en ligne de compte.

Malgré ces défauts, il est regrettable que son élevage ne soit pas plus étendu, car ils sont compensés par de réelles qualités. Ses œufs, quoique petits sont d'un goût exquis et sa chair dont la saveur rappelle celle du faisan acquiert sur le marché un prix élevé.

On connaît aujourd'hui trois variétés principales de l'espèce type (Cornevin) :

La *variété grise* ou *cendrée*, la plus commune.

La *variété lilas*.

La *variété blanche*.

Indépendamment de ces trois variétés provenant de l'espèce *Numida meleagris*, on trouve encore chez quelques amateurs la *pintade à casque*, la *pintade vulturine*, la *pintade à huppe*, ayant une origine autre que la précédente.

La pintade est un oiseau à dos voussé dont les formes générales rappellent quant au corps et en plus gros celles de la caille. Ce corps assez volumineux est continué en avant par un cou mince, bien redressé et terminé par une tête presque chauve. Sur la tête un tubercule conique rougeâtre et deux appendices charnus de même couleur au-dessous de la mandibule inférieure. La queue est pendante et les tarses de longueur médiocre ont ordinairement une teinte grise plus ou moins accentuée. La reconnaissance des sexes est difficile. Le mâle a cependant les appendices de la tête un peu plus volumineux et sa voix est plus rauque que celle de la femelle.

La variété grise cendrée, la plus répandue dans les basse-cours, a le plumage de cette nuance. Sur les parties supérieures on trouve de nombreuses petites taches blanches, parfaitement arrondies, entourées d'un cercle foncé. Les parties inférieures montrent également des taches blanches, mais de plus grandes dimensions et beaucoup moins régulières.

La variété blanche est de cette teinte sur toute la surface du corps. En regardant avec attention on peut voir encore les taches arrondies signalées dans la variété précédente. Leur couleur diffère légèrement de celle des parties environnantes.

Quant à la variété lilas, elle doit son nom à ce que le cou et les parties antérieures du corps se rapprochent comme coloration de celle de la fleur de l'arbuste qui a fourni le qualificatif.

La pintade commence à pondre vers l'âge d'un an. Les reproducteurs seront conservés dans la proportion d'un mâle pour huit à douze femelles. Pondant toujours au dehors, cherchant à cacher leurs œufs, les femelles à l'époque de la ponte devront être l'objet d'une surveillance attentive. Le nid une fois trouvé, on s'y rendra tous les jours lorsque la femelle l'aura quitté et on enlèvera les œufs au fur et à mesure. On en obtient ainsi un plus grand nombre. D'autre part, ils seront soustraits aux ravages que pourraient causer les petits carnassiers (fouine, belette, etc.) qui en sont extrêmement friands. On les conservera comme il a été indiqué pour les œufs de poule. Après avoir ainsi fourni trente ou quarante œufs la femelle s'arrêtera et si on ne la fait pas couver ce qui est recommandable, on peut souvent compter sur une deuxième ponte, qui bien que moins importante peut encore s'élever à une quinzaine d'œufs.

La durée de l'incubation pour les œufs de pintade est comprise entre vingt-sept et trente jours.

Il vaut mieux confier les œufs à une poule ou à une dinde qu'à la pintade elle-même. Ce n'est pas qu'on ait à lui reprocher son manque d'assiduité, c'est le mâle surtout qui est à redouter. Dès que la pintade commence à rester sur son nid, il la pourchasse sans cesse et ne manque presque jamais de casser les œufs, d'où la nécessité de charger de l'incubation une femelle d'autre espèce.

Au moment de l'éclosion, les jeunes sont frileux, délicats et craignent par dessus tout le froid et l'humidité. La nourriture pendant les premières semaines consistera en œufs de fourmi si l'on peut s'en procurer facilement. Sinon on les remplacera par des œufs de poule durcis, hachés menus avec des herbes condimentaires telles que le persil, le fenouil, etc... On emploie aussi avec avantage des pâtées de millet ou de chènevis écrasés mélangées de mie de pain. La nourriture animale, viande, sang cuit, doit intervenir également dans une certaine proportion.

On ne laissera sortir les pintadeaux que lorsque les conditions hygiéniques seront favorables. Pour peu que la température s'abaisse, que l'athmosphère soit chargée d'humidité, ils seront impitoyablement maintenus captifs.

Vers la fin du premier mois, les grains seront donnés entiers et on complètera la ration par des pâtées de son de pommes de terre cuites, etc..... Tous les grains peuvent servir, il faut cependant continuer de temps à autre la distribution du chènevis qui possède un pouvoir excitant indispensable à la bonne venue, au parfait développement de la couvée.

Un peu plus tard se manifeste chez les jeunes pintades un état pathologique spécial coïncidant avec le développement des caroncules ornant la tête qui prennent à ce moment la teinte rouge qu'elles conserveront dorénavant. C'est ce qu'on appelle la *crise du rouge*.

Nous ne saurions mieux faire que de citer ici le passage relatif à cette maladie, extrait de l'excellent ouvrage d'un auteur dont la compétence est indiscutable, M. Ad. Bénion (1).

« La crise du rouge n'est point une maladie proprement « dite, mais bien plutôt une phase de la jeunesse, phase « pendant laquelle les caroncules et les pendeloques s'in- « jectent et prennent la couleur rouge qu'on leur connaît. « Elle apparaît entre le deuxième et le troisième mois, selon « les soins prodigués et l'état de la température, et néces- « site une attention continue.

« ..... La crise du rouge se fait d'autant mieux que le « temps est plus beau et que les élèves ont moins à souffrir « du froid humide. La pluie et les refroidissements enlèvent « à l'économie la chaleur indispensable aux fonctions vita- « les, paralysent forcément la digestion et amènent la diar- « rhée avec ses fatales conséquences, c'est-à-dire la fai- « blesse, l'inappétence, le marasme et la mort en trois fois « vingt-quatre heures.

« ..... Entre les mains de gens inhabiles ou négligents, « la crise du rouge éclate avec les symptômes suivants : air « triste, faiblesse générale, démarche lente, ailes pendan- « tes, plumage terne et hérissé, inappétence, tous signes

(1) Ad. Bénion : Elevage et maladies des animaux et oiseaux de basse cour. Paris, Asselin.

« de la maladie commençante ; puis les phénomènes mor-
« bides acquièrent de l'intensité, on constate alors le refus
« complet de prendre des aliments, la diarrhée muqueuse
« et fétide, l'affaiblissement progressif et la mort.

L'auteur cite ensuite le cas d'un éleveur de la Bretagne, M. Lebas, qui par les soins spéciaux qu'il donne à ses élèves n'en perd presque jamais, bien qu'il se trouve en un pays particulièrement humide.

« ..... M. Lebas évite avec la plus grande attention de
« faire mouiller même les pattes de ses oiseaux ; longtemps
« avant l'époque de la crise, il refuse de fournir le moindre
« prétexte au mal, en n'envoyant paître ses élèves qu'après
« le lever du soleil et quand la rosée est dissipée, en leur
« accordant une habitation aérée, propre et exposée conve-
« nablement, en prodiguant une nourriture de choix.
« Quand, par hasard, un ou deux sujets éprouvent les
« premières atteintes de la crise, il compose une nourri-
« ture avec du son et des recoupes, du fenouil, des orties
« hachées, du persil et des oignons, du lait caillé bien
« cuit, des jaunes d'œuf ; il leur en distribue quatre à
« cinq fois dans la journée, et les sauve d'une mort cer-
« taine. Trois ou quatre fois par jour, il leur fait encore
« avaler trois ou quatre grains de poivre. »

Telles sont les précautions à prendre pendant cette période de l'élevage. Elles se réduisent comme on le voit, à une hygiène sévère et à la distribution d'une nourriture excitante et de bonne qualité.

M. Mille a donné en 1857 la formule d'une préparation dont l'emploi dans l'élevage a donné d'excellents résultats. Cette poudre appelée par l'inventeur poudre corroborante est ainsi composée :

Cannelle de Chine en poudre fine. .	1.500	grammes
Gingembre en poudre fine. . . .	5.000	»
Gentiane	500	»

Anis	500	»
Carbonate de fer.	2.500	»

Le tout est mélangé intimement.

La dose est d'une cuillerée à café matin et soir pour une vingtaine d'oiseaux, la substance étant incorporée à la pâtée habituelle.

On commencera la distribution un peu avant l'époque présumée de l'apparition de la crise et on la continuera pendant une quinzaine de jours après sa disparition.

Une fois la crise du rouge passée, la pintade est douée d'une rusticité à toute épreuve et ne nécessite plus aucun soin spécial.

Les jeunes abandonnent leur mère vers l'âge de quatre mois et sont soumis au régime commun de la basse-cour.

A douze ou quinze mois, ils sont adultes, on peut alors les vendre ou commencer leur engraissement.

L'engraissement de la pintade consiste tout simplement à lui fournir une nourriture plus abondante et plus riche en principes nutritifs sans prendre auparavant la précaution de l'enfermer. Son humeur vagabonde ne s'accomoderait nullement d'une claustration plus ou moins complète, il lui faut une liberté absolue d'allures. C'est dire qu'on ne les met qu'en chair et qu'elles n'arrivent jamais à l'état d'engraissement complet. Cet oiseau est très recherché des consommateurs en raison des qualités de sa chair qui en tant que saveur se rapproche de celle du faisan.

Les individus âgés s'engraissent très difficilement et fournissent une viande dure, de qualité très inférieure.

C'est là le seul produit que fournisse la pintade, ses plumes, quoique très belles, sont restées jusqu'à présent sans emploi dans l'industrie.

CHAPITRE IX

LE DINDON DOMESTIQUE

Origine. Variétés. Elevage.

Le dindon domestique (*Meleagris gallopavo*) est originaire de l'Amérique Méridionnale d'où il aurait été importé sous François Ier suivant les uns, sous Charles IX suivant d'autres (fig. 29).

Quoi qu'il en soit il s'est rapidement répandu en raison des qualités qu'il possède.

Les premiers individus étaient de teinte uniformément noire. Depuis, sous l'influence des diverses conditions de milieu et de la sélection il s'est formé nn certain nombre de variétés. On rencontre aujourd'hui les suivantes : (Cornevin) :

Le *dindon ordinaire*, noir brillant chez le mâle, noir mat chez la femelle. C'est de beaucoup le plus commun.

La variété *blanche*.

» » *grise*.

» » *chocolat*, d'un rouge jaunâtre.

» » *jaspée*, qui sur un fond noir montre des stries transversales blanches ou jaunes.

La variété *bronzée* ou variété de *Cambridge* une des plus développées et des plus estimées. Enfin une variété *ardoisée*, rare.

Le dimorphisme sexuel dans l'espèce est assez marqué pour que la reconnaissance des sexes soit facile. La femelle est toujours plus petite que le mâle ; elle ne porte pas d'éperons aux tarses ni de touffe de poils au poitrail au moins pendant la première année de son existence.

La caroncule située au dessus de la mandibule supérieure n'est pas érectile comme celle du mâle. Enfin les rectrices ou grandes plumes de la queue ne peuvent se relever pour faire la roue.

Les dindons arrivent à l'âge adulte vers dix à douze mois. Un mâle suffit pour sept à huit femelles. Les dindes commencent à pondre au printemps de l'année qui suit celle

Fig. 29. — Dindon domestique.

de leur naissance. Si on les empêche de couver ou seulement de remplir leur fonction maternelle en leur retirant les dindonneaux après l'éclosion on peut obtenir deux pontes dans le courant de l'année. La première commence en mars ou avril, la seconde a lieu vers le mois d'août.

Le nombre d'œufs obtenus à la première varie entre 15 et 30 pondus presque toujours à intervalles d'un jour. A la seconde ce nombre est toujours moindre.

La dinde se fait surtout remarquer par son assiduité et son aptitude à la couvaison. On met souvent cette qualité à contribution pour lui confier des œufs de poule dont elle peut amener à bien un grand nombre, 20 à 30.

La durée de l'incubation est pour l'espèce qui nous occupe, comprise entre 30 et 32 jours.

L'élevage du dindon comporte dans le premier âge des difficultés de même ordre que celles qui ont été signalées au sujet de la pintade : le lecteur n'a donc qu'a s'y reporter.

Ils craignent surtout le froid et la pluie. Pendant le premier mois qui suit leur naissance on ne doit les laisser sortir que pendant les heures les plus chaudes de la journée et les parquer de préférence sur une pelouse bien sèche où la mère sera retenue par une ficelle fixée à la patte.

Dans le local qui les abritera, pendant la nuit et la majeure partie de la journée, on entretiendra une température suffisamment élevée sans pour cela se désintéresser de la question de l'aération. On se trouvera bien de garnir le sol d'une couche de fumier de cheval sec et bien divisé.

La nourriture du premier âge ressemble beaucoup à celle dont il a été question au sujet de la pintade. Elle sera par parties d'origine animale et végétale. Dans le premier groupe, les œufs cuits dur, les nymphes de fourmis, vulgairement appelées œufs, les larves d'insectes de toutes sortes, les débris de viande même rendront les plus grands services. Dans le second, on choisira surtout les grains et graines riches en matières nutritives, jouissant de propriétés condimentaires ou excitantes. Le millet, le chènevis, réduits en pâtée et mélangés à la mie de pain seront d'un grand secours. Le persil, le fenouil hachés très fin seront en petite proportion incorporés à la pâtée ci-dessus. Toutes ces substances mélangées formeront un tout non compact, se divisant facilemont en petits grumeaux que les jeunes dindonneaux consommeront avec avidité.

Vers le cinquième ou le sixième jour on ajoutera des orties hachées menu qu'on aura préalablement fait tremper dans l'eau bouillante pour en rendre la division plus facile et plus complète.

La boisson ordinaire est l'eau pure ou additionnée d'une petite proportion de sulfate de fer. Si quelques-uns parmi les jeunes semblent souffrir, on remplacera l'eau par un peu de vin tiède qui leur redonnera la vigueur disparue.

A la fin du premier mois, les grains seront sans inconvénient donnés entiers ; on adjoindra à ceux dont nous avons déjà parlé, l'avoine, le blé, le sarrazin et on fera entrer dans la ration une certaine proportion de son, de pommes de terres cuites à l'aide desquelles on confectionnera des pâtées. On pourra laisser les dindonneaux dehors un plus grand laps de temps à condition toutefois que la pluie ne tombe pas et qu'on tienne un grand compte de l'apparition des signes précurseurs de la *Crise du rouge*.

C'est aux environs de l'âge de deux mois que celle-ci se manifeste. Elle est caractérisée, comme chez la pintade, par l'apparition, le développement des caroncules et des parties charnues entourant la partie inférieure de la tête et de la gorge.

Il faut pendant ce temps les tenir constamment au chaud, à l'abri des courants d'air et leur fournir une alimentation à la fois stimulante et tonique. Les pâtées d'orties additionnées de chènevis écrasé, de farines et d'oignons crus coupés menus sont les substances les plus recommandables. Il est bon d'y adjoindre en petite proportion du sel, du poivre, du persil et même de l'ail cru. Chaque jour on mettra à la disposition des dindonneaux un peu de vin tiède additionné de canelle.

Lorsque cette crise est passée, les jeunes dindons sont doués d'une rusticité à toute épreuve. Ils ne craignent plus ni la pluie ni le froid et peuvent rester constamment dehors, le jour comme la nuit.

Dans les fermes, on leur donne habituellement comme juchoir une roue de voiture usée. Cette roue est disposée horizontalement à une hauteur de trois mètres environ et maintenue dans cette position par un pieu passant dans le moyeu et fixé solidement dans le sol. Une échelle rudimentaire en rend l'accès facile. On devra placer de préférence ce perchoir en un endroit abrité contre les vents dominants et les rafales de pluie.

Pendant la journée, les dindons partis de bonne heure le matin, parcourent les prés, les champs voisins de la ferme et y récoltent en grande partie leur nourriture. Elle consiste en insectes de toutes sortes, en fruits recueillis le long des haies, etc... Ils sont surtout friands de ceux des ronces sauvages appelés vulgairement *mûres*. Ils rentrent d'eux-mêmes le soir au coucher du soleil et il est rare qu'on soit obligé de se mettre à leur recherche.

Dans beaucoup d'exploitations encore, les dindons doivent se suffire à eux-mêmes et aucun supplément de nourriture ne leur est distribué. C'est évidemment là une mauvaise pratique. L'élevage du dindon comme celui de tous les oiseaux de basse-cour doit être dirigé dans le but unique de fournir une source de profits aussi grande que possible. On n'y arrive et on ne peut y arriver que par une alimentation copieuse ayant pour résultat une augmentation de poids rapide.

C'est pourquoi nous recommanderons de leur distribuer matin et soir, avant leur départ et après leur retour, un supplément de nourriture sous forme de grains ou de pâtées.

En certaines régions (Brie, Berry, Poitou, etc...), ils sont conduits par un enfant, en grandes bandes, dans les champs surtout après la moisson. Ils y trouvent les grains restés sur le sol et en tirent grand profit.

On les livre d'habitude à la consommation vers la fin de l'automne ou au commencement de l'hiver.

Rarement, on engraisse les dindons. C'est cependant une opération de la plus grande simplicité, qui leur fait acquérir une valeur plus élevée due à l'augmentation de poids et à la meilleure quantité de chair.

On peut commencer l'engraissement, si les sujets ont été bien nourris, vers l'âge de six à sept mois. Il faut débuter par restreindre leur parcours ordinaire pour les habituer peu à peu à habiter constamment une petite cour ou un local de dimensions suffisantes pour qu'ils puissent y prendre de l'exercice.

Cet engraissement durant environ 45 jours, pendant le premier mois on se contente de leur distribuer à satiété une ration alimentaire composée de grains et de pâtées dans lesquelles entrent en forte proportion des farines et des pommes de terre.

Pendant les derniers quinze jours, on les gave comme les poulets.

Il faut bien se garder de placer les dindons à l'engrais dans un espace restreint où ils pourraient à peine bouger comme cela a été indiqué pour les poulets. Quelles que soient la quantité et la qualité de la nourriture distribuée, il n'engraisseraient pas, ils maigriraient plutôt. On aurait fait des dépenses en pure perte. Il ne faut jamais oublier que notre dindon est un oiseau à mœurs vagabondes et qu'il ne s'accommode pas d'un internement complet.

CHAPITRE X

L'OIE DOMESTIQUE

Tous les auteurs sont d'accord sur la provenance de l'oie qui peuple nos basse-cours. Elle ne serait qu'une descendante de l'oie sauvage ou oie cendrée (*Anser cinereus*) qui vit en bandes nombreuses dans l'Europe septentrionale. A une époque très éloignée elle aurait été domestiquée et sous cette influence aurait vu rapidement sa taille s'élever. Introduite en différents milieux, ses caractères se seraient modifiés dans une certaine mesure et sous l'influence de la sélection les différentes variétés que nous reconnaissons aujourd'hui auraient pris naissance. Toutes n'ont cependant pas la même origine ; quelques-unes appartiennent à des espèces différentes et ont été introduites en France à plusieurs reprises.

L'oie appartient à l'ordre des *Anatides* (classification de M. Blanchard). Cet oiseau est assez connu pour que nous nous dispensions d'en faire une description ; nous nous contenterons seulement de donner les caractères distinctifs des principales variétés. Ce sont :

1° L'*oie ordinaire* ou *oie commune* de taille un peu supérieure à celle de l'oie sauvage et dont le bec et les pattes présentent une teinte jaune orangé. Le plumage est gris cendré avec du blanc sur les parties inférieures. Parfois le blanc envahit le manteau et se dispose par plaques plus ou moins étendues. Certaines sont même entièrement blanches.

2° L'*oie à épi* qui, avec le même plumage, porte sur la

tête quelques plumes redressées formant une sorte de petite huppe.

3° L'*oie frisée* ou *Oie de Sébastopol* dont le plumage est redressé et analogue à celui des poules dites frisées du Chili.

4° L'*Oie de Toulouse* (fig. 30). Celle-ci est de plus forte taille, son poids dépasse quelquefois 10 kilos. Son plumage est uniformément cendré en dessus, plus clair sous le ventre. Elle se fait aussi remarquer par un repli de la peau ballotant sous l'abdomen, traînant sur le sol après l'engraissement et par la présence très fréquente d'un fanon sous

Fig. 30. — Oie de Toulouse.

la gorge. Elle est surtout commune en France dans nos départements méridionaux, mais en raison de ses qualités, elle tend à se répandre un peu partout et à remplacer l'oie commune qui lui est inférieure.

5° L'*Oie d'Embden*, ressemble à l'oie de Toulouse en

tant que développement, mais ses formes sont moins ramassées, moins trapues. Son plumage est blanc.

. D'autres, avons-nous dit, ont une origine différente. Nous pouvons citer parmi elles :

L'*oie du Canada*, de forte taille, appelée encore *oie à cravate* par suite de la présence sur son plumage foncé d'un collier blanc allant de la gorge à l'occiput.

Les trois races suivantes diffèrent beaucoup de celles dont nous venons de parler. Elles se reconnaissent à première vue à leur cou mince, d'une longueur relative plus grande et par la présence d'un tubercule de couleur variable (*caroncule*) situé à la partie supérieure du bec. On y distingue :

L'*Oie de Guinée* de petite taille, avec le bec, les tarses et la caroncule noirs.

L'*Oie de Siam* de taille moyenne, à caroncule, bec et tarses jaunes.

L'*Oie chinoise* ou *de Madagascar*, de taille plus élevée avec la caroncule noire, le bec et les tarses orangés. Encore peu répandues en France, ces trois races sont d'introduction récente et ne présentent qu'un intérêt tout à fait secondaire pour le cultivateur. Celui-ci se contentera de l'oie de Toulouse ou à son défaut de l'oie commune qui sont, de beaucoup les plus recommandables et celles sur lesquelles on peut compter pour se procurer des bénéfices par l'élevage.

Dans cette espèce, le mâle se nomme *jars*, la femelle, *oie*, les jeunes, *oisons*.

Dans la basse cour, la proportion des sexes doit être d'un mâle pour quatre à six femelles. Il faut tenir compte de la fécondité des sujets qui est en raison de leur âge. Après la troisième année elle baisse très rapidement ; les meilleurs reproducteurs sont par conséquent ceux qui sont âgés de deux ou trois ans au plus.

La ponte commence de très bonne heure, parfois vers la fin de janvier. Elle est annoncée par la construction du nid où l'oie ira déposer ses œufs. On la voit alors transporter à l'aide de son bec et dans un endroit retiré des brins de paille qui sont accumulés en tas. Si cet endroit choisi par la femelle ne semble pas convenable, si elle peut y être dérangée, on cherchera à la faire nidifier ailleurs, en lui commençant un nid et en répandant aux alentours des débris de paille qui lui servent à le terminer.

L'oie donne le plus souvent un œuf tous les deux jours, plus rarement un œuf tous les jours. Si on prend la précaution de les enlever au fur et à mesure le nombre total est augmenté ou tout au moins obtenu dans un laps de temps moins long. Sinon, après avoir donné une douzaine ou une quinzaine d'œufs, la femelle se repose pendant un certain nombre de jours pour recommencer à nouveau. On peut ainsi compter sur une production annuelle de 30 à 40 œufs par tête.

Un moment arrive où le besoin de couver se manifeste, l'oie ne quitte plus son nid, c'est le moment de lui donner des œufs pour obtenir des oisons. Elle peut en couvrir une douzaine, du reste ce chiffre est variable avec sa taille.

On a avantage à confier les œufs à des poules ou à des dindes : la durée de la ponte est augmentée et le nombre d'œufs obtenus plus grand. Une poule peut en couver une huitaine, une dinde jusqu'à douze.

La durée de l'incubation est comprise entre vingt-huit et trente jours, ce dernier chiffre étant le plus commun. On prendra pendant cette période les mêmes soins qui ont été indiqués pour les poules couveuses. Obligation de quitter le nid au moins une fois par jour pendant un quart d'heure et distribution de nourriture appropriée. Pour l'oie cette nourriture consiste en grains, son mouillé, herbes de toutes sortes hachées. L'eau, en tant que boisson, ne devra jamais faire défaut.

Au fur et à mesure des éclosions, les oisons sont enlevés à leur mère et placés, en un local suffisamment chauffé, dans un panier garni de laine ou de coton. On les lui rend dès que tous sont nés.

Les jeunes sont excessivement voraces, aussi faut-il songer à les nourrir abondamment. Cinq à six repas copieux sont indispensables dans le courant de la journée. Les premiers seront constitués par des pâtées peu humides obtenues en délayant des œufs cuits mollets dans des farines, de la mie de pain et des herbes hachées. On recommande surtout la farine d'orge et les orties si abondantes en certaines régions. Vers le troisième ou quatrième jour les œufs seront remplacés par du lait et on adjoindra à la ration du son, des recoupes et des pommes de terre cuites et écrasées. L'oie étant surtout herbivore, les herbages ne devront jamais lui faire défaut.

On laissera sortir les oisons avec leur mère du quatrième au sixième jour qui suivra leur naissance, mais seulement si le temps est beau. Il faut leur éviter par dessus tout la pluie quoique leur instinct les porte à se précipiter dans l'élément liquide lorsqu'une mare ou une pièce d'eau est à leur disposition. Cette contradiction n'est qu'apparente et s'explique aisément. Le corps des jeunes sujets est recouvert d'un duvet enduit d'une matière graisseuse qui l'empêche d'être mouillé par l'eau lorsque celle-ci se met tout simplement en contact avec lui. Il n'en est plus de même lorsque cette eau tombe en gouttelettes des hautes régions de l'athmosphère. Chacune des gouttes s'infiltre alors entre les brins de duvet et arrive sur la peau. L'évaporation qui s'ensuit amène un refroidissement général préjudiciable à la santé, refroidissement qui se traduit souvent par des maladies de l'appareil respiratoire entraînant la mort.

Lorsque les oisons ont cinq à six semaines, le fond de leur nourriture est formé de matières végétales qu'ils prennent en vaguant pendant la journée autour de la ferme. On se contente de leur donner en supplément le matin et le soir une petite quantité de grains ou de pommes de terre.

Le local qui les abritera pendant la nuit sera maintenu dans un état de propreté parfaite. La fiente sera enlevée au moins tous les deux jours et le sol sera garni d'une litière fine et abondante.

Il faut éviter de laisser pénétrer les oies dans les prairies pâturées ; leurs excréments abondants salissent l'herbe qui est dorénavant délaissée par les autres animaux. Si on ne peut les faire garder par un enfant on peut les empêcher de franchir les haies en leur suspendant au cou un bâton maintenu dans la position transversale. Ce procédé est meilleur que celui qui consiste à perforer le cartilage nasal et à y passer une plume remplissant le même office.

On amène ainsi les oisons jusqu'au moment où on pourra pratiquer l'engraissement, c'est-à-dire jusqu'au sixième ou huitième mois.

Les oies s'engraissent pendant l'hiver, du mois d'octobre à la fin de décembre. On les y prépare quelques semaines auparavant en augmentant la dose de nourriture supplémentaire distribuée matin et soir et en restreignant la durée du pâturage. Cette préparation a pour but de les habituer peu à peu à la nourriture spéciale qu'elles vont recevoir et à la séquestration absolue qu'elles subiront désormais.

On pratique cette opération de différentes façons. La plus simple consiste à les enfermer dans un local de dimensions restreintes, obscur, sain et éloigné de tous les bruits du dehors. Là, leur est distribuée deux ou trois fois par jour une nourriture riche en principes substantiels et aussi variée que possible. On débutera par les grains, avoine, orge, avec lesquels alterneront des pâtées de pommes de terre et de farines quelconques. Les fèves, les pois cuits, le maïs peuvent également servir. Si on veut encore aller plus loin, pendant les derniers jours on les gavera comme les poulets et on leur fera absorber de force à chaque repas sept ou huit pâtons composés de farine, pommes de terre et lait.

Avec ce régime, en trois semaines au plus, les oies deviennent énormes, presque incapables de se mouvoir. Sous chaque aile s'est développée une masse de graisse dont l'ampleur indique l'état auquel en est arrivé l'oiseau.

D'autres méthodes sont encore employées en certains pays. Elles fournissent une forte proportion de viande estimée ou amènent une sorte d'hypertrophie du foie qui s'infiltre de graisse et fournit au commerce la matière première nécessaire à la confection des pâtés de foie gras.

A Toulouse et aux environs, la viande est plus estimée, à Strasbourg le foie gras est préféré.

Dans les premières localités on engraisse à l'aide du maïs sec ou trempé dans l'eau. On remplit matin et soir le jabot en se servant d'un entonnoir. Deux poignées de maïs suffisent presque toujours à chaque fois et on estime qu'en moyenne une oie consomme 30 litres de ce grain pour être amenée dans un état satisfaisant.

A Strasbourg, où on vise plus spécialement à la production du foie gras, les sujets sont cloîtrés d'une façon plus absolue. On les place isolément dans des boîtes obscures munies d'une simple ouverture pour le passage de la tête et où elles ne peuvent effectuer aucun mouvement. Elles sont gavées matin et soir avec des fèves de marais d'abord, puis avec du maïs gonflé dans l'eau chaude. On est dans l'habitude d'ajouter, à chaque repas, un peu de sel et une gousse d'ail, et de temps à autre une cuillerée d'huile d'œillette. L'eau claire ou blanchie par une farine quelconque sert de boisson et se trouve à la disposition de l'oiseau dans un récipient tenu à sa portée. En 18 ou 20 jours l'engraissement est terminé et l'oie a presque doublé de poids. Son foie dont le poids moyen dans les conditions normales est de 60 à 80 grammes atteint alors celui de 200 à 500 grammes qu'il dépasse même souvent.

La chair de l'oie, que d'aucuns déclarent indigeste, rend en raison de sa conservation facile de réels services aux populations rurales. Dépecée par quartiers, on la fait cuire incomplètement pour en extraire la graisse qu'elle contient. Les morceaux sont ensuite rangés en couches serrées dans un pot de grès et on verse au dessus la graisse liquide de façon qu'elle recouvre de quelques centimètres la dernière couche de viande. Au fur et à mesure des besoins on retire du pot ce qui est nécessaire pour la consommation, en ayant soin toujours de recouvrir de graisse la portion restante pour empêcher l'accès de l'air extérieur.

L'oie ne fournit pas seulement comme produits sa viande et son foie, l'industrie tire encore parti de ses plumes et parfois de sa peau, employées à divers usages.

Les reproducteurs sont d'habitude plumés trois fois par an. Une première fois vers le mois de mai quand les oisons sont assez développés pour n'avoir plus besoin de chercher un abri sous leur mère ; une seconde fois en juillet et enfin en septembre.

Les oisons peuvent être plumés dans le courant de leur première année d'existence. La date de la première opération à leur faire subir varie avec l'époque de la naissance ; il faut attendre pour cela qu'ils soient *croisés*, c'est-à-dire que les extrémités de leurs ailes commencent à se dépasser mutuellement. Si on le peut on les plumera encore en septembre à condition toutefois qu'on ne les engraisse pas.

On enlève les plumes du cou, du ventre et des parties latérales en ayant soin de respecter celles qui soutiennent la fouet de l'aile. Les plumes les plus fines ou duvet seront mises à part, leur prix de vente est plus élevé. Elles devront s'enlever facilement, à la faveur de la moindre traction, leur conservation en dépend. On attendra donc ce moment qui indique que les plumes sont *mûres*. Une fois la récolte terminée on en passera le produit au four modérément chaud, on battra pour séparer la matière cireuse desséchée et on enfermera dans des sacs placés en lieu sec en attendant le moment de la vente ou de l'emploi. Une oie adulte fournit annuellement de 300 à 400 grammes de plumes.

On utilise également la peau de l'oie garnie de son plumage. Après avoir subi certaines préparations elle est livrée au commerce comme imitation de peau de cygne. Il est inutile de dire que les oies blanches sont préférées pour cet usage. Il existe une fabrique de ce genre à Poitiers. Après avoir été saignées, les oies sont dépouillées en les fendant longitudinalement sur le dos et en enlevant la peau avec les plus grandes précautions pour éviter de la déchirer.

Enfin les grandes plumes des ailes étaient autrefois l'objet d'un commerce important. Après avoir été préparées, elles servaient de plumes à écrire. L'invention de la plume d'acier a porté un coup fatal à cette industrie et aujourd'hui on se contente d'enlever le fouet de l'aile muni de ses rémiges ; on s'en sert comme plumeau.

CHAPITRE XI

LE CANARD

Le canard domestique appartient, dans la classe des oiseaux, au même ordre que l'oie, mais à un genre différent. Toutes les variétés qu'on rencontre dans les basse-cours, à part une ou deux, descendent du canard sauvage (*Anas boschas*) originaire des contrées septentrionales de l'Europe et se trouvant même souvent en France. Il y habite le long des cours d'eau ou sur les grands étangs.

Les principales variétés domestiques sont :

Fig. 31. — Canard domestique.

Le *canard domestique ordinaire* (fig. 31), dont la taille

est un peu supérieure à celle du canard sauvage et qui s'en distingue en outre par une coloration beaucoup moins brillante, plus terne.

Le *canard de Rouen* (fig. 32), forme améliorée de la variété ordinaire. Sa taille est très forte, son développement rapide. On connaît aujourd'hui deux sortes de canard de

Fig. 32. — Canards de Rouen.

Rouen : Le canard de Rouen français qui a conservé le plumage du canard sauvage avec cependant plus de blanc dans les parties inférieures et le canard de Rouen anglais beaucoup plus foncé dans toutes les régions du corps. Indépendamment de ces deux types on trouve encore, comme dans la variété précédente du reste, des colorations diverses ; il en est de blancs ; de huppés, etc...

C'est certainement une des meilleures variétés, celle dont l'élevage devrait être conseillé partout. Elle est au canard ordinaire ce que l'oie de Toulouse est à l'oie commune.

Le *canard de Duclair*, regardé comme issu du canard

de Rouen dont il possède en grande partie les qualités. Il est de teinte foncée, presque noire et présente en avant du jabot une tache blanche d'assez grande étendue mais ne faisant pas le tour du cou. Il doit son nom à celui d'une petite localité des environs de Rouen où, dit-on, il aurait pris naissance.

Le *canard d'Aylesbury* ou *canard rose* est originaire d'Angleterre. De grande taille, sa teinte est d'un blanc pur. Son bec, ses tarses ont une coloration jaune rosé. Il est remarquable par la falicité avec laquelle il s'engraisse: c'est là la cause de sa vogue en Angleterre.

Le *canard du Labrador* est de petite ou tout au plus de moyenne taille. Ce serait plutôt une espèce ornementale. Il est de couleur noire avec reflets métalliques à la tête et au cou. Ses tarses, son bec sont noirs également. Les œufs qu'il fournit sont tout d'abord foncés, mais ils s'éclaircissent rapidement. Si on le conserve pendant plusieurs années, dès la seconde quelques plumes blanches commencent à apparaître dans son plumage et leur nombre s'accroît au fur et à mesure qu'il avance en âge.

Le *canard de Pékin*, blanc, comme le canard d'Aylesbury, de grande taille comme lui mais s'en distinguant par deux caractères. Ses pattes et son bec sont franchement jaunes et les premières, portées très en arrière, plus que chez les autres, le forcent à prendre au repos une position se rapprochant de la verticale.

Ce dernier caractère est encore exagéré chez le *canard Pingouin* qui ne peut marcher qu'à condition de maintenir son corps dans la verticale. Il trébuche au moindre obstacle et ne se nourrit qu'avec difficulté. C'est là une variété d'amateur, qui par conséquent n'a pas sa place marquée dans la ferme. .

Il en est de même du *canard Polonais* dont le bec est recourbé vers le bas à son extrémité. Souvent les deux mandibules sont de longueur inégale, la supérieure étant plus courte. Il en résulte une gêne et parfois une impossibilité complète dans la préhension des aliments. Dans ce dernier cas, ils meurent de faim.

On trouve également dans les basse-cours un canard de grande taille appelé *canard d'Inde* ou *canard de Barbarie*. Il appartient à l'espèce *Anas moschata* (*canard musqué*) et est originaire de l'Amérique méridionale. Ordinairement noir, quoiqu'on en rencontre de blancs et d'ardoisés, il est surtout reconnaissable à la présence des caroncules analogues à celles du dindon garnissant le dessus du bec et les joues. Le mâle est plus développé que la femelle et possède une voix spéciale qui ne rappelle que de loin celle de notre canard ordinaire. Sa chair possède une odeur particulière qu'on peut lui faire perdre, paraît-il, en enlevant immédiatement après la saignée, la tête ou les glandes uropygiennes. Ces dernières, situées au-dessus du croupion sécrètent d'ordinaire une matière grasse destinée à lisser les plumes et à les empêcher d'être mouillées par l'eau. Croisé avec la cane commune, le canard de Barbarie donne des hybrides inféconds appelés *mulards* qui s'engraissent dit-on, facilement.

Citons encore pour mémoire le *canard de la Caroline* (*Anas carolinensis*) et le *canard mandarin* (*Anas sinensis*) qui servent d'ornements dans les pièces d'eau des parcs et des jardins. Tous deux portent une huppe, le dernier est le seul parmi tous ceux que nous avons cités qui possède la couleur jaune vif dans son plumage.

Un mâle suffit pour cinq à six canes. Les sexes à dater d'un certain âge se reconnaissent facilement. Le mâle a toujours les couleurs plus brillantes et on observe chez lui la présence d'un bouquet de plumes retroussées au-dessus de la queue.

La ponte qui commence dès le début du printemps peut dépasser trente œufs. La durée de l'incubation est en moyenne de trente jours. On peut soumettre les œufs à l'incubation artificielle en ayant soin de maintenir toujours une forte proportion d'humidité dans l'appareil et de régler la température à 38° au maximum.

Pour éviter les redites, nous engagerons le lecteur à se reporter au chapitre de l'élevage de l'oie. Tout ce qui y a été indiqué s'applique à l'élevage du canard en tenant compte des particularités suivantes.

Le canard a une prédilection marquée pour la nourriture animale : cette dernière ne devra jamais faire défaut dans la ration. Tout lui est bon sous ce rapport, les débris de viande, les résidus de fabrication du suif, les intestins des volailles tuées sont utilisées par lui avec le plus grand profit. On arrive, en alternant ainsi les substances animales et végétales à lui faire acquérir un poids énorme en peu de temps. L'avidité avec laquelle il consomme sa ration, la rapidité de sa digestion sont encore des qualités qui, chez lui, poussent au développement précoce.

D'autre part, si l'eau n'est pas indispensable pour l'élevage de l'oie, si celle-ci peut être élevée avec profit dans les contrées sèches, il n'en est pas tout à fait de même du canard. Ce dernier aime à barboter, il trouve dans les mares, les étangs, les ruisseaux, une bonne partie de sa nourriture et son élevage n'est réellement lucratif que dans les pays réalisant ces conditions.

Certaines variétés cependant sont peu difficiles sous ce rapport, le canard de Rouen par exemple s'élève parfaitement sans qu'une grande quantité d'eau soit mise à sa disposition.

Il faut éloigner les canards des bassins servant à la pisciculture, ils ne se font aucun scrupule de manger les jeunes poissons qui passent à leur portée.

On livre les canetons à la consommation lorsqu'ils sont croisés. Ce moment arrive à une époque plus ou moins rapprochée de la naissance, suivant leur précocité et l'abondance de nourriture qu'ils ont reçue.

On peut engraisser le canard comme l'oie, obtenir ainsi une plus forte proportion de viande de meilleure qualité et en retirer un prix plus élevé.

Le duvet du canard est aussi utilisé; bien que sa valeur soit inférieure à celle du duvet d'oie, il y a là un produit supplémentaire que la fermière se gardera bien de laisser perdre.

CHAPITRE XII

LE PIGEON

Le pigeon se rencontre à l'état domestique dans la plupart de nos fermes où il fournit un certain revenu par la vente ou l'utilisation directe de ses produits. Il appartient à l'ordre des *Colombides*.

Toutes les variétés du pigeon domestique descendent, d'après Darwin, d'une seule espèce type vivant encore à l'état sauvage dans nos départements méridionaux. Cette espèce porte le nom de *Pigeon biset* (*Columba livia*). Avec le pigeon ramier (*Columba palumbus*), le pigeon colombin (*C. œnas*) et quelques tourterelles (*Turtur*), il constitue les représentants en France de l'ordre des Colombides.

Nous n'entrerons pas dans la description de toutes les variétés domestiques, ce serait dépasser le cadre de cet ouvrage. Un grand nombre du reste sont des espèces d'amateur et ne doivent pas retenir notre attention. Nous nous bornerons à signaler celles qui peuvent être entretenues à la ferme avec profit.

Elle se réduisent à deux principales : les pigeons *mondains* et les pigeons *romains*.

1° *Mondains.* — Les pigeon mondains (fig. 32) sont de taille variable suivant la variété à laquelle ils appartiennent. On connaît, en effet, trois sortes de ces oiseaux différenciées l'une de l'autre par la taille.

Le *gros mondain* est de grande taille, il est parfois aussi développé que les poules naines des races bantam. On lui reproche sa fécondité limitée, il ne fait guère que quatre à cinq pontes dans le courant de l'année et encore toutes ne réussissent pas étant donné le peu d'assiduité avec laquelle il couve.

Le *moyen mondain*, moins développé que le précédent mais dont l'élevage est plus lucratif Il ne s'arrête guère de

Fig. 32. — Pigeon mondain.

pondre que pendant les mois d'hiver et peut fournir par conséquent sept à huit couvées dans l'année. Il prend d'autre part grand soin de ses œufs et il est rare qu'il n'amène pas ses petits à bien. C'est là certainement la meilleure variété de ce groupe et la seule à conseiller dans la ferme.

Le *petit mondain*, de taille réduite, ne dépassant parfois pas celle du merle et trop peu développé pour que son élevage puisse être entrepris.

Les mondains sont des pigeons à formes correctes,

robustes, rustiques et remarquables par leur fécondité. D'autre part, ils s'accommodent de toutes les graines et sont faciles à nourrir. Ils s'écartent peu du pigeonnier, sont très sociables, entrent souvent dans les habitations pour y ramasser les miettes de pain tombées pendant les repas. Ils sont caractérisés par la présence d'un filet, d'un liseré rouge entourant les yeux. Les deux masses charnues qui recouvrent la base du bec et dans lesquelles sont percées les narines sont peu développées.

Quant à leur coloration elle est tout ce qu'il y a de plus variable ; le blanc, le noir, le jaune, le rouge s'y montrent purs ou mélangés de façons diverses. On en trouve également de pattus, de huppés, etc......

2° *Romains.* — Les pigeons romains se reconnaissent à leur taille qui égale ou dépasse celle du gros mondain. Leur bec est recouvert à sa base de deux productions charnues, volumineuses et mamelonnées (*fèves ou morilles*). Les yeux sont entourés non plus d'un filet mais d'un ruban rouge. Ils sont plus arrondis, plus râblés que les précédents. Le nombre de couvées qu'ils fournissent dans l'année est rarement supérieur à six. Les pigeonneaux dont la chair est excellente sont d'un poids vif relativement élevé. Etant donnée sa grande taille, le pigeon romain consomme une forte proportion de nourriture et il ne faut pas lésiner sous ce rapport si l'on veut en retirer des produits.

On trouve dans ce groupe des oiseaux de coloration variées, aussi nombreuses que dans la catégorie précédente.

En résumé, il résulte des descriptions que nous venons de fournir que la variété qui est le mieux à sa place dans la ferme, qui donne les produits les plus abondants est celle du moyen mondain. Le cultivateur devra s'en tenir à elle de préférence.

Nous laissons ici de côté et à dessein, les pigeons qui

peuplaient autrefois en majorité les colombiers. Représentant la souche originelle qui les avait fournis on les appelait pigeons *fuyards* ou *bisets*. Ils s'éloignent beaucoup trop de leur habitation, vont chercher leur nourriture dans les champs nouvellement ensemencés et causent de ce chef des dégâts qui sont beaucoup moins appréciables lorsqu'on se livre à l'élevage des espèces sédentaires.

Nous ne nous occuperons donc que de ces derniers. Le pigeon est monogame ; on est allé jusqu'à le citer comme un modèle de tendresse et de fidélité conjugales, ce qui est certainement exagéré. Les couples se réunissent vers l'âge de quatre à cinq mois et la ponte commence bientôt. A chacune la femelle dépose dans son nid deux œufs qui éclosent au bout de dix-huit jours environ. Ces œufs donnent le plus souvent naissance à un mâle et une femelle, mais il y a des exceptions. Le père et la mère couvent alternativement.

Peu de temps après l'éclosion, lorsque les jeunes commencent à se développer, la ponte recommence et se continue pendant toute la belle saison. On livre les jeunes à la consommation lorsqu'ils commencent à sortir du nid, si on ne veut pas les conserver comme reproducteurs pour remplacer les couples trop âgés. La fécondité se conserve chez eux jusqu'à la quatrième année et baisse rapidement à partir de cette époque. C'est donc le moment d'effectuer les réformes.

La nourriture des pigeons se compose de grains de toutes sortes : criblures, orge, vesce, sarrazin, etc... Ils sont surtout friands de chènevis, de pois bisaille qui leur seront donnés de temps à autre comme excitants. Ils recherchent également le sel, le salpêtre, et certains auteurs recommandent de placer à leur portée une queue de morue salée qu'ils viendront picorer de temps à autre.

On estime qu'un couple de pigeons consomme dans le courant de l'année 70 à 80 litres de grains divers. Cette nourriture est distribuée en deux fois, un premier repas le matin de bonne heure, un second le soir, un peu avant l'heure du coucher.

On loge les pigeons dans un local particulier appelé *colombier* ou *volière*. La disposition peut être quelconque, pourvu que chaque couple ait l'espace nécessaire pour établir son nid et trouver à se reposer. Dans les petits élevages, une caisse appendue au mur d'un des bâtiments de la ferme peut suffire. Dans le cas où un plus grand nombre de couples sont réunis, l'importance du colombier augmente et une petite construction annexée au poulailler ou placée au-dessus de celui-ci s'impose. On l'établira le plus simplement possible, on veillera seulement à ce que les conditions hygiéniques indiquées pour les volailles en général soient remplies.

Il faut surtout y entretenir une propreté rigoureuse. Plusieurs fois dans le courant de l'année, aux moments où on ne craindra pas de déranger les couvées on nettoiera avec soin et on enlèvera les déjections qui s'accumulent sur le plancher. Un badigeonnage à la chaux est nécessaire pour débarrasser le pigeonnier de la vermine qui peut l'envahir. Le fumier ainsi obtenu (*colombine*) constitue un engrais de grande valeur qu'on se gardera bien de laisser perdre.

S'il n'existe pas de mare à proximité, on devra toujours tenir à la disposition des pigeons un récipient garni d'eau claire où ils viendront boire et se baigner à volonté.

On vend d'habitude les pigeons dans l'état où ils se trouvent au moment où ils sortent du nid et sans les engraisser. Ils profitent cependant au mieux de cette pratique et leur prix de vente est alors plus élevé. L'engraissement se fait d'après les mêmes méthodes qui ont été indiquées pour les poulets.

Bien que le pigeon puisse constituer la source d'un revenu assez élevé, que M. Gobin évalue à plus de 15 0/0 du capital employé, nous mettrons le cultivateur en garde contre les dangers d'un élevage trop important. Il faut alors compter avec les pertes résultant de l'agglomération des individus et rendant extrêmement importants les décès provenant de l'apparition d'une maladie contagieuse toujours possible. Nous conseillerons seulement l'entretien d'une dizaine ou d'une douzaine de couples. Cela est suffisant, et pour la consommation du personnel de la ferme et pour que la fermière puisse de temps à autre porter quelques couples sur le marché.

DEUXIEME PARTIE

Lapins

CHAPITRE IX

LE LAPIN DOMESTIQUE.

Origines. Races et Variétés. Elevage. Engraissement.

I. Origine.

Le lapin domestique (*Lepus domesticus*) est un mammifère classé dans l'ordre des Rongeurs. On considère que la souche unique de toutes les races et variétés domestiques est encore représentée aujourd'hui à l'état sauvage par le lapin de garenne (L. cuniculus).

Sous l'influence de la domestication, de la nourriture des changements de milieu, la teinte primitive a subi des variations souvent très profondes ; la taille a pu s'élever et certaines régions du corps prendre une disposition autre que celle qu'on est habitué à rencontrer chez les lapins sauvages.

II. *Races et variétés.*

Lapin commun. — C'est la race commune qui peuple

la majorité de nos clapiers (fig. 33). Il est difficile d'en donner une description exacte, attendu que ses caractères sont très variables suivant les localités où on l'examine. Le pelage se présente avec des couleurs de toutes sortes, uniformes ou disposées par plaques plus ou moins régulières.

La dominante est le gris plus ou moins foncé associé au

Fig. 33. — Lapin commun.

blanc mais le noir, le fauve, le souris ou ardoisé et même le blanc pur ne sont pas rares.

La taille est moyenne et le poids après engraissement peut aller de 2 k. 500 jusqu'à 6 kilos.

Cette race est très rustique et très recommandable. Si parfois elle reste un peu petite il ne faut en accuser que la nourriture qu'elle reçoit. Elle s'améliore facilement lorsqu'on fait un choix rigoureux des reproducteurs et qu'on lui distribue une nourriture choisie en quantité suffisante.

Lapin Normand. — N'est autre que le lapin commun dont il possède tous les caractères, mais avec une taille plus grande.

Lapin bélier. — Le lapin bélier (fig. 34) est également de teinte grise. Il se caractérise par sa taille très élevée : son poids peut dépasser 10 et 12 kilos. On signale même chaque année dans les concours spéciaux des individus

Fig. 34. — Lapin bélier.

dépassant largement ce poids. Sa tête, forte, présente un chanfrein plus busqué que dans les autres races. Ses oreilles, très longues, élargies en forme de cuiller à leurs extrémités retombent de chaque côté de la tête et contribuent à lui donner une physionomie spéciale. Les Anglais l'appellent lapin *lope*. Ils ont obtenu une variété, lapin *demi-lope* chez lequel une oreille seulement est cassée et tombante, l'autre reste droite. Ce caractère est assez difficile à maintenir.

Le pelage est de couleur *grise* uniforme. La peau forme, surtout après un engraissement bien conduit deux ou trois replis (*collerettes*) sous la gorge.

Bien que sa taille soit forte, le lapin bélier est relativement peu recherché. On incrimine son squelette volumineux, ses formes anguleuses et la médiocrité de sa chair.

On trouve des variétés *blanche* et *ardoisée*.

Lapin géant des Flandres (fig. 35). — Comme développement, ce dernier se rapproche beaucoup du précédent. Il s'en distingue cependant d'une façon nette par la direction de ses oreilles portées toujours droites et par son profil

Fig. 35. — Lapin géant des Flandres.

beaucoup moins busqué. Son squelette est plus réduit et sa viande considérée comme meilleure. Lorsqu'il se reproduit en consanguinité pendant un assez grand nombre de générations, sa fécondité s'abaisse vite.

Lapin argenté. — A l'âge adulte le lapin argenté possède une fourrure d'un gris bleuâtre avec reflets foncés ou argentés. Les oreilles, les extrémités des membres et le dessus de la queue sont plus foncés. De taille moyenne, il est remarquable par sa fécondité (7 à 8 petits par portée) et par la valeur qu'atteint en certains cas sa peau que les fourreurs recherchent pour en faire une imitation de *petit gris*. A la naissance les petits sont entièrement noirs. Vers l'âge de six semaines des poils blancs commencent à se montrer çà et là et augmentent en nombre jusqu'à l'âge adulte où la coloration est celle indiquée plus haut. Ce membre s'accroît encore au fur et à mesure qu'ils s'approchent de la vieillesse où la teinte se rapproche de plus en plus du blanc.

Le poids de ce lapin est un peu inférieur à celui des individus de race commune.

Lapin angora. — Caractérisé par sa fourrure formée de poils longs et soyeux. Voici à ce sujet les dimensions comparées des poils des animaux de cette race par rapport à ceux de la race commune (Cornevin),

	Lapin commun	Lapin angora
Longueur des poils.	0 m 029	0 m 109
Diamètre	60 μ (1)	20 μ

On l'a décrit comme originaire de l'Himalaya où d'autres espèces animales, chèvres, chiens, etc... portent une fourrure analogue. Il n'est pas rare cependant de constater de temps à autre dans les portées de lapins communs des individus recouverts d'une toison en tout semblable à celle du lapin angora. Ce fait se manifeste surtout dans les clapiers peu éclairés où règne constamment une température assez élevée et où l'air est à peu près saturé d'humidité.

Le lapin angora est le plus souvent blanc, mais les teintes ardoisées et rousses ne sont pas rares. La taille est assez élevée, moindre toutefois qu'elle ne paraît et la chair ne jouit pas d'une très grande réputation.

Le poil a été quelquefois employé dans l'industrie pour la confection d'étoffes spéciales, mais cet emploi a toujours été très restreint.

On *plume* l'angora : c'est le nom donné à l'arrachage du poil environ toutes les dix semaines à partir de l'âge de 5 mois. On se sert pour cette opération d'un peigne en métal. On peut récolter ainsi de 250 à 300 grammes de duvet par lapin et par an. La récolte du reste est d'autant

(1) La lettre grecque μ représente l'unité de mesure employée en micrographie. Elle vaut un millième de millimètre.

plus abondante que l'animal est plus fortement nourri et placé en un lieu peu éclairé.

Lapin russe. — Cette race (fig. 36) est on ne peut plus facile à distinguer parmi les autres. Sa robe est d'un blanc pur avec le bout du nez, les oreilles, l'extrémité des pattes et la queue noirs. Ses yeux sont rouges. On recherche et on estime surtout ceux chez lesquels les parties noires sont

Fig. 36. — Lapin russe.

foncées et nettement délimitées du blanc qui les entoure. Il est égal ou un peu inférieur comme taille au lapin commun. Sa chair est excellente et sa fécondité convenable. A la naissance, les lapereaux sont entièrement blancs ; ce n'est que plus tard que se montrent les régions noires passant d'abord par la teinte ardoisée. Sa fourrure sert à faire des imitations d'hermine.

Signalons encore parmi les races moins importantes ou connues depuis peu :

Le lapin *hollandais*, blanc avec plaques noires disposées d'une certaine façon : Oreilles et pattes toutes noires, une raie irrégulière sur la ligne médiane, un cercle autour des yeux et une tache de même couleur sur chaque flanc.

Le lapin *noir et feu*, noir avec les parties inférieures et une tache autour des yeux de couleur roux jaunâtre (*feu*).

Le lapin *tricolore* portant des plaques, des zébrures noires et jaunes avec quelques poils blancs dispersés, surtout visibles à la gorge et aux pattes.

ÉLEVAGE DU LAPIN

I. *Choix des reproducteurs et reproduction.*

Dans l'espèce cuniculine, le mâle et la femelle sont aptes à la reproduction vers un âge variant entre six et dix mois. Il y a là des différences tenant à la race et à la précocité individuelle. C'est le dernier chiffre qu'on devra préférer. Le reproducteur adulte fournira toujours de meilleurs produits.

Si l'on a fait choix d'une race, il est évident que la première qualité qu'on exigera d'un reproducteur mâle ou femelle sera de présenter tous les caractères de cette race. Nous conseillerons encore ici au cultivateur de s'en tenir au lapin commun pour les mêmes raisons qui ont été données au sujet des volailles. Le mâle pas plus que la femelle ne devra être trop âgé. Chez ces derniers la fécondité est moins certaine et les portées toujours plus faibles. Bien qu'on cite des cas où cette fécondité s'est conservée jusqu'à huit et dix ans il sera bon de ne pas les garder au delà de trois ou quatre ans. Plus tard la chair devient dure, peu agréable à consommer et l'engraissement est beaucoup plus long.

On compte que dans un clapier, un mâle peut suffire pour dix ou quinze femelles.

Si le mâle se montre toujours disposé à s'accoupler il n'en est pas de même de la femelle.

Celle-ci ne l'est qu'à de certaines époques qu'on désigne sous le nom d'époques du rut ou des chaleurs. Quelques signes extérieurs permettent de se rendre compte du fait. La femelle en cet état se montre inquiète, mange moins. Si on cherche à la saisir, elle se couche. Les chaleurs durent ainsi quatre à cinq jours, si elles ne sont pas satisfaites, les signes extérieurs disparaissent pour se montrer ensuite à intervalles réguliers tous les huit ou dix jours. Après la mise bas, elle se montrent au bout de quatre à six jours, sont suspendues pendant l'allaitement et réapparaissent après le sevrage.

La lapine disposée à recevoir le mâle sera portée dans la case habitée par lui. On les laissera en présence, dans une tranquillité parfaite pendant quelques heures. On recommande parfois de prolonger la cohabitation pendant une nuit entière : dans le calme et le silence la fécondation des deux cornes de l'utérus serait mieux assurée.

La durée de la gestation étant en moyenne de 30 jours (29 à 32) on notera avec soin la date de l'accouplement pour avoir des données certaines sur celle de la mise bas. Pendant toute cette période la femelle vivra seule, on lui donnera une nourriture choisie composée de fourrages et d'herbes de bonne qualité. L'avortement est rare, mais il pourrait se manifester sous l'influence de fourrages avariés, moisis, ou renfermant une trop forte proportion d'humidité. Quelques jours avant l'époque présumée de la mise bas, on nettoiera à fond la case de la mère, on y placera ensuite en abondance de la paille fraîche et il ne restera plus qu'à attendre patiemment.

La lapine accumulera bientôt la paille dans un coin de son habitation, elle creusera à l'intérieur une cavité qu'elle garnira avec des poils arrachés à son abdomen autour des mamelles : c'est là le nid où les petits seront déposés.

A la naissance, les lapereaux sont nus et leurs yeux sont fermés ; ils ne les ouvrent guère que vers le huitième ou le dixième jour. Du dixième au quinzième ils sortent du nid, commencent à manger vers le dix-huitième et sont sevrés par la mère un mois après leur naissance. Ce sont là des chiffres moyens qui souffrent de nombreuses variantes. Dans quelques cas on livre la femelle au mâle immédiatement après la mise bas, le sevrage est alors plus hâtif. Si au contraire la femelle n'est pas fécondée à ce moment et si la nourriture qu'elle reçoit pousse à la production laitière, il peut être retardé.

Observons que si avec le premier procédé on a un plus grand nombre de portées annuelles, les lapereaux sont toujours moins vigoureux et se développent moins rapidement que dans le second cas.

Quelques femelles semblant dépourvues d'instinct maternel mangent leurs petits au moment de la parturition ou peu après. Les causes de ce fait ne sont pas connues d'une façon complète bien qu'on en ait donné plusieurs. Le meilleur moyen de l'empêcher, c'est la réforme. On engraissera la lapine qui se rendra coupable de ce méfait et on la livrera à la consommation.

II. *Clapier.*

Le clapier est un petit bâtiment de construction très simple divisé en un certain nombre de *loges* ou *cases* destinées à renfermer un ou plusieurs lapins. Ses dimensions sont en raison directe du nombre d'animaux à loger. On ne saurait trop, à la ferme, se maintenir quant à ce chiffre dans une juste mesure.

L'élevage du lapin est une source certaine de bénéfices, mais il ne faut pas croire que, si avec 10 lapins par exemple on arrive à obtenir un produit de 50 francs dans une année, avec 1000 ce produit sera porté à 5.000 francs. Ce sont là des fictions dans lesquelles on ne fait intervenir ni l'accroissement considérable de la main d'œuvre ni surtout les pertes dues aux maladies épidémiques qui sont d'autant plus à craindre que la population est plus nombreuse. La fermière conservera donc la quantité de reproducteurs suffisante pour qu'elle puisse de temps à autre varier le menu ordinaire des travailleurs. Le surplus sera porté au marché après un engraissement suffisant.

Il faudra donc dans notre clapier une case pour le mâle une pour chacune des mères portières, puis d'autres où seront placés après le sevrage les jeunes, par catégorie d'âge et de sexe. Cette séparation est nécessaire pour éviter les fécondations prématurées et la fatigue causée par les poursuites continuelles. Chacune des cases devra être disposée de telle sorte que l'habitant puisse y jouir d'une parfaite tranquillité et que les excréments liquides n'y séjournent pas. La forme la plus recommandable est la forme rectangulaire sauf pour la loge du mâle qui doit présenter des angles fortement arrondis.

On y installera un petit ratelier (fig. 57) destiné à recevoir les fourrages secs ou verts et une augette qui recevra

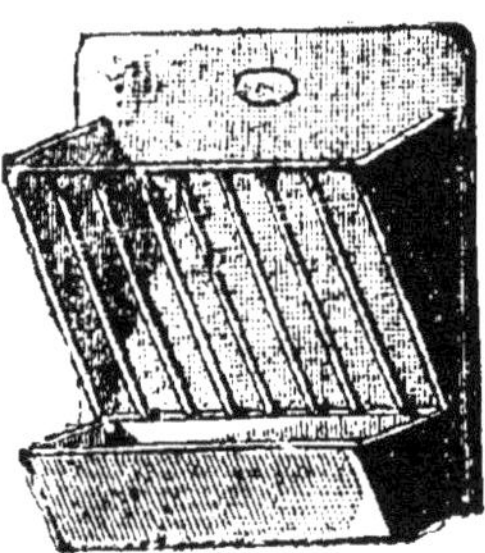

Fig. 37. — Ratelier muni d'une augette.

les grains et les farineux. Il est d'habitude de ne pas donner à boire aux lapins. Pendant la saison d'hiver où les aliments aqueux font défaut ou sont insuffisants, il est bon de mettre à leur disposition de l'eau claire dans un petit récipient à ce destiné.

Les précautions hygiéniques recommandées pour l'entretien du poulailler sont applicables au clapier. Le lecteur n'aura donc qu'à s'y reporter.

III. *Alimentation.*

Le lapin est considéré comme un grand mangeur et il n'est pas rare d'entendre dire que dix de ces petits animaux consomment autant de nourriture qu'un bœuf. C'est là une erreur ou tout au moins une exagération. Si on est obligé de lui donner une forte proportion d'aliments, cela tient au mode de distribution et à l'absence des rateliers et auges dont nous avons indiqué la nécessité.

Le lapin est délicat ; lorsqu'il a passé sur le fourrage, il le dédaigne, c'est ce qui arrive lorsqu'on se contente de déposer la nourriture sur le plancher de sa loge, d'où des pertes importantes. La présence du petit mobilier cité plus haut empêchera ces pertes de se produire et la consommation en sera diminuée d'autant.

La nourriture distribuée se divisera en deux parts : aliments aqueux et aliments secs. On estime que la ration alimentaire du lapin doit se calculer à raison de 10 pour cent du poids vif dont 9 pour cent en vert et 1 pour cent en sec. Ce sont là des chiffres moyens et qu'on ne devra pas prendre à la lettre. Les animaux produisant en raison de la nourriture consommée, plus ils mangeront, mieux cela vaudra.

Les aliments aqueux consisteront pendant la belle saison en herbes de toutes sortes : luzerne, trèfle, sainfoin, herbes de prairies, maïs, vesces, etc... On ne négligera pas non plus les plantes provenant du sarclage des champs et du jardin ; elles formeront un bon appoint. Pendant l'hiver on les remplacera par des racines, des tubercules, tels que betteraves, carottes, pommes de terre, topinambours, etc.

On évitera de pousser à l'extrême : une nourriture trop

humide peut déterminer chez le lapin des maladies, telles que la dyssenterie, l'hydropisie, excessivement difficiles à guérir surtout chez les jeunes. D'où l'obligation de repousser d'une façon complète les herbes mouillées par la pluie. Si on ne peut faire autrement, on en opèrera la récolte douze ou vingt-quatre heures auparavant pour leur donner le temps de se dessécher.

Les aliments secs sont fournis par les grains et surtout par les produits qu'on en retire, sons et farines. Toutes les farines peuvent servir, le son de froment est le plus recommandable et l'avoine en grains est à préférer.

On changera aussi souvent que possible la nature des fourrages pour exciter l'appétit ; le régime, en un mot, doit être varié. On ajoutera pour la même raison, mais en petite quantité, des plantes condimentaires telles que le persil, le fenouil, le céleri, l'anis, etc.

Comme nous avons établi dans le clapier diverses catégories d'âge, de sexe, les aliments distribués à chacune d'elles devront présenter de légères différences dues à l'état particulier de chaque groupe d'individus.

Les lapereaux qu'on aura du habituer à manger de bonne heure recevront des herbes fines, savoureuses, d'une digestion facile jusqu'à leur complet développement. Ils seront ensuite mis, suivant le cas au régime du mâle, des mères nourrices ou des lapins à l'engrais.

Les mâles et les femelles en gestation seront nourris de manière à les maintenir en bon état sans les engraisser. L'avoine est indispensable pour le mâle, le principe excitant qu'elle renferme le pousse à mieux remplir sa fonction. Quant au régime spécial aux mères nourrices, il devra être dirigé de façon à pousser à la production laitière. Il comprendra une forte proportion d'herbes vertes auxquelles on ajoutera du son ou des farines.

Les repas, au nombre de trois par jour, seront donnés à heure fixe et autant que possible par la même personne.

Le premier, dès le matin, le second vers le milieu de la journée et le troisième au coucher du soleil. Il est inutile de dire qu'avant chaque distribution les auges et les rateliers devront être soigneusement nettoyés et débarrassés des reliefs du repas précédent. L'habitude, du reste, renseignera rapidement sur la quantité de nourriture à distribuer de façon que ces restes soient réduits au minimum.

IV. *Engraissement.*

L'engraissement, comme nous l'avons déjà dit plus haut, a pour but d'obtenir des animaux de plus fort poids ayant une chair de meilleure qualité et conséquemment obtenant des prix plus élevés sur le marché.

On ne peut engraisser, d'une façon économique, que les animaux ayant atteint l'âge adulte. Il est donc impossible d'indiquer d'une façon rigoureuse l'âge auquel nos lapins pourront y être soumis : c'est une question de race, de précocité individuelle. Pour certains on pourra commencer à sept ou huit mois. pour d'autres il faudra attendre un an.

Les femelles passent directement du clapier d'élevage au clapier d'engraissement. Les mâles devront subir auparavant l'opération de la *castration* qui présente de nombreux avantages. Le lapin privé de ses testicules s'engraisse plus rapidement et sa chair est beaucoup plus délicate. Cette opération très facile à exécuter et a rarement des suites funestes si l'on veut bien prendre les précautions suivantes. Ne castrer ni par les grandes chaleurs ni par les grands froids et opérer de préférence le matin, l'animal étant à la diète depuis la veille au soir. L'ablation des testicules peut se pratiquer dès que ceux-ci sont descendus dans les bourses c'est-à-dire vers l'âge de 3 à 4 mois.

Voici comment se pratique cette opération :

Le lapin, couché sur le dos est maintenu dans cette position par un aide qui ramène les membres postérieurs en avant pour découvrir la région arrière.

L'opérateur saisit les bourses et faisant saillir les testicules, incise la peau d'un coup de scalpel donné en travers. Les testicules sont alors tirés légèrement et les cordons qui les maintiennent coupés à l'aide d'une paire de ciseaux. La plaie est recousue avec du fil ciré et graissée avec un peu de saindoux ou de vaseline pure. L'animal est alors placé dans une case garnie d'une bonne litière et ne reçoit pendant quelque temps qu'une demi-ration d'aliments. Au bout de quatre à cinq jours la plaie est cicatrisée.

L'engraissement est favorisé par le repos complet, l'obscurité, une athmosphère légèrement chaude et humide.

On isolera donc le lapin à l'engrais dans une loge dont les dimensions n'excèderont pas cinquante centimètres carrés et présentant d'autre part les conditions que nous venons de signaler.

Il suffit alors de lui donner une nourriture abondante et variée, d'exciter son appétit par tous les moyens possibles. Il faut environ un mois pour arriver à un engraissement complet. Pendant les dernières semaines on augmentera la quantité de grains et de farineux auxquels ou pourra même adjoindre une certaine proportion de tourteaux sans dépasser la dose de 60 à 70 grammes par tête et par jour. On choisira les tourteaux ne possédant aucun mauvais goût qui pourrait se communiquer à la viande. Enfin, il est à recommander de distribuer pendant les huit derniers jours des plantes à essences qui enlèveront à la chair le goût particulier du lapin de clapier et lui donneront une saveur spéciale. On emploie surtout à cet effet le thym et le serpolet. Lorsque l'animal est à point, il n'y plus qu'à le porter au marché.

TROISIÈME PARTIE

Les abeilles

APICULTURE

CHAPIRE XIV

LES ABEILLES

Origine. — L'abeille domestique est originaire de l'Europe, de l'Afrique et de l'Asie occidentale. Elle était inconnue dans le Nouveau-Monde avant que les Européens s'y fussent établis.

Manière de vivre des abeilles. — Les abeilles vivent en agglomérations ou sociétés de 15.000 à 20.000 au moins ; leur nombre atteint même quelquefois 40.000 ou 60.000 dans les très fortes colonies. « Ces insectes ne peuvent vivre qu'en société, une seule abeille était aussi faible qu'un enfant qui vient de naître, puisqu'elle est paralysée par la fraîcheur d'une simple nuit d'été » (Langstroth).

L'ensemble de ces milliers d'insectes ailés forme ce qu'on appelle la ruche ou ruchée.

Composition des colonies d'abeilles.

Dans les ruches se trouvent 3 sortes d'individus : 1° l'abeille mère ou reine ; 2° les ouvrières ou abeilles neutres; 3° les mâles ou faux-bourdons.

I. *Reine*. — Le nom de reine a été donné à l'abeille-mère qui, dans chaque ruche, est appelée a assurer la propagation de l'espèce. Comme elle ne règne nullement dans la colonie qu'elle habite, il serait plus logique de lui donner le nom de mère, qui indiquerait d'une manière très exacte les fonctions qu'elle remplit. La reine a pour mission de perpétuer sa

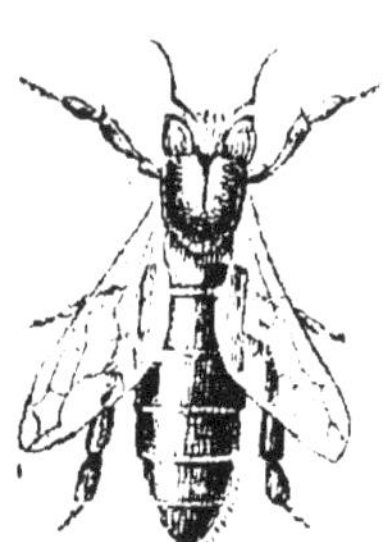

Fig. 38. — Reine.

race, et la ponte est la seule fonction qui lui soit dévolue dans l'intérieur de la ruche. La fécondité de la reine est considérable. Dans les très fortes colonies, il n'est pas rare de trouver des reines pondant de 3.000 à 3.500 œufs par jour.

La ponte de la reine n'a pas toujours le même degré d'activité pendant les différentes époques de l'année ; elle est en rapport avec le plus ou moins d'abondanee de miel que fournissent les fleurs. Le printemps et l'été sont donc les saisons de grande ponte ; à l'arrière-saison, l'activité procréatrice diminue pour cesser complètement pendant les dernières semaines d'automne.

La forme de la reine est sensiblement la même que celle des autres abeilles, son corps est beaucoup plus allongé que celui de l'ouvrière, ce qui la fait ressembler un peu à la guêpe. Sa longueur un peu variable est comprise entre 16 ou 18 millimètres. Le dessous de son corps est d'une couleur jaune dorée et le dessus généralement plus foncé que chez les ouvrières. Ses ailes ainsi que les pattes semblent plus longues que celles des ouvrières, bien que ses mouvements soient cependant plus lents, quand rien ne la dérange de ses habitudes.

Les abeilles ouvrières traitent la reine avec autant d'affection que de respect. Elles lui montrent leur attachement soit en la caressant avec leurs antennes, soit en lui offrant de la nourriture et toutes lui font place quand elle circule sur les rayons. Si, pour une cause ou pour une autre, la colonie vient à la perdre, tous les travaux sont suspendus et une agitation extrême règne dans la ruche. Elles font entendre un bourdonnement plaintif qui ne ressemble en rien au bourdonnement heureux des jours de prospérité.

La jeune reine, à peine sortie de la cellule où ont lieu ses métamorphoses, parcourt les rayons pour chercher ses rivales nées ou à naître. Elle visite les cellules royales et détruit, tour à tour, les jeunes reines en voie de transformation. Si deux reines quittent en même temps leurs cellules, elles se livrent un combat dans lequel l'une des deux doit périr.

Il arrive parfois que deux reines vivent ensemble dans la même ruche et qu'elles y pondent tous les deux en même temps ; mais ce sont alors la mère et la fille, et cet état anormal ne dure que quelques semaines ou quelques mois au plus.

Nombre de théories ont été émises par les savants et les apiculteurs sur la fécondation de la reine. Huber fut le premier à découvrir que la fécondation de la mère avait lieu en plein air et au vol, et que l'influence d'un premier accouplement durait pendant toute la vie de l'insecte.

La sortie nuptiale de la jeune reine s'affectue 5 à 6 jours après sa naissance, vers le milieu de la journée. Elle sort et rentre à plusieurs reprises pour bien reconnaître son habitation, elle s'élance enfin dans les airs à la recherche d'un époux. Si elle ne réussit pas à trouver des mâles à sa première sortie, elle recommence le lendemain et les jours suivants, s'il est nécessaire. La fécondation est opérée par un seul mâle, lequel ne peut féconder qu'une seule femelle, car il meurt aussitôt que l'acte est consommé. Il est admis que la femelle porte le mâle sur son dos et qu'elle l'y retient avec ses pattes, elle rapproche ensuite son abdomen de celui du mâle et celui-ci introduit son pénis dans le canal génital de la femelle. Le pénis, une fois introduit, ne peut être volontairement retiré par le mâle, à cause d'une armature qui le retient ; la reine est obligée de le couper avec ses mandibules. Les efforts du mâle pour le retirer, suffisent même fort souvent à faire rompre le pénis dans l'intérieur de la vulve.

La jeune reine rentre très souvent à la ruche avec les organes sexuels de son malheureux époux ; à son arrivée, elle cherche à s'en débarrasser en se les arrachant avec ses mâchoires. Quelquefois les ouvrières l'aident dans cette besogne délicate. On a essayé très souvent d'obtenir la fécondation des reines en captivité, mais on n'a jamais pu y parvenir.

La reine commence sa ponte 2 à 3 jours après sa fécondation. Ses premiers œufs, quoique pondus dans des cellules d'ouvrières, donnent assez souvent naissance à des mâles.

La mère dépose de préférence ses œufs sur le milieu des rayons, en laissant les cellules supérieures pour l'emmagasinage du miel et du pollen. Avant de déposer son œuf dans la cellule, elle en passe l'inspection en y enfonçant sa tête, pour se rendre compte si elle est en état de recevoir son précieux dépôt. Après avoir retiré sa tête, elle y plonge son abdomen et laisse tomber un œuf qui est maintenu au fond par un enduit visqueux. Elle continue ensuite à pondre dans les cellules contiguës, et de telle sorte que les premiers œufs déposés se trouvent au centre du groupe. Il arrive parfois que la reine ne dépose pas ses œufs dans les cellules, pour une raison ou pour une autre ; dans ce cas, les ouvrières les dévorent aussitôt qu'ils sont pondus.

Quand la mère a rempli d'œufs un des côtés du rayon sur lequel elle effectue sa ponte, elle passe sur l'autre face pour pondre ses œufs dans les cellules opposées aux premières.

Lorsque le rayon du milieu est rempli d'œufs, la mère continue sa ponte sur les deux rayons placés à droite et à gauche du premier et ainsi de suite.

L'appareil de reproduction de l'abeille mère se compose de deux ovaires placés dans l'abdomen de chaque côté du tube disgestif. Ces deux ovaires se continuent chacun par un oviducte simple ; les deux oviductes se réunissent ensuite

Fig. 39. — Œufs. Larve. Nymphe.

pour former un oviducte commun qui constitue le vagin dans la moitié de sa longueur et la poche copulatrice à son embouchure près de l'anus. Un réservoir séminal nommé spermathèque, composé d'un petit sac globulaire et d'un petit tube ou conduit séminal, correspond avec le vagin. La spermathèque est entourée, dans sa partie sphérique, de glandes dont les sécrétions servent à conserver pendant plusieurs années les spermatozoïdes renfermés dans le réservoir séminal.

Les œufs ont une forme allongée et sont un peu recourbés ; on donne à la partie concave le nom de ventricule et la partie convexe se nomme le dos. Ils sont d'une couleur bleuâtre et enduits au moment de la ponte d'une substance visqueuse qui les fait adhérer au fond des cellules.

II. *Les ouvrières.* — Les ouvrières ne sont pas les sujets de la reine ; ce sont des individus auxquels la nature a dévolu le soin de pourvoir au logement et à la nourriture de la colonie, afin d'assurer la perpétuité de l'espèce. Ce sont les plus petits habitants de la ruche dont ils forment la majorité de la population. Une bonne colonie en possède au moins une vingtaine de mille et les très fortes peuvent aller jusqu'à soixante mille et plus.

On peut diviser les ouvrières en deux classes : les pourvoyeuses et les architectes, mais la division des fonctions n'est pas complètement absolue. Les vieilles ouvrières sont

Fig. 40. — Ouvrière.

plus particulièrement butineuses, tandis que les jeunes s'occupent surtout des travaux de construction dans l'intérieur de la ruche.

Les ouvrières sont des femelles dont les organes génitaux sont atrophiés ; elles possèdent des ovaires rudimentaires, mais elles ne peuvent être fécondées. Quelques-unes d'entre elles sont susceptiles de pondre des œufs, mais comme elles ne sont pas fécondées, elles ne donnent naissance qu'à des mâles. Lorsque la récolte est abondante, le nombre des ouvrières pondeuses est plus considérable et cela provient sans aucun doute d'une plus grande quantité de nourriture qui a été donnée aux larves, ce qui a fait développer en partie leurs ovaires.

La ponte des ouvrières a surtout lieu quand une colonie

a perdu sa reine et que son couvain est trop vieux pour qu'elle puisse s'en procurer une autre.

La vie des ouvrières est beaucoup plus courte qu'on ne le croit en général. Celles qui naissent au printemps et au commencement de l'été, ayant la plus grande somme des labeurs de la vie commune, ne vivent guère que trente-cinq à quarante jours. Celles qui naissent à la fin de l'été et pendant les premiers jours d'automne, atteignent un plus grand âge, grâce au repos dont elles jouissent pendant l'hiver, mais en aucun cas, elles ne peuvent vivre une année entière.

Il ne faut pas confondre la durée de la vie des abeilles avec la durée de la colonie, car elles peuvent occuper la même habitation pendant un grand nombre d'années. Lorsque les ouvrières sont vieilles, leurs ailes sont déchirées en morceaux, leur corps est devenu brillant par la chute des poils qui le recouvraient, et elles semblent épuisées par leur vie de labeur.

Les mœurs des abeilles ont quelque chose de cruel vis-à-vis des vétérans du travail de la colonie. Si l'une des ouvrières devient incapable de travailler, on la traîne sans pitié hors de la ruche où elle meurt, isolée de ses compagnes.

III. *Les mâles.* — Les mâles qu'on nomme aussi faux-bourdons, à cause du bruit qu'ils font en volant, sont les époux aléatoires de la reine. Ce sont les plus gros habitants de la ruche : ils ne sont pas aussi longs que la reine, mais ils sont plus gros et plus trapus. La nature a été marâtre envers eux, ils ne possèdent pas d'aiguillon pour se défendre ni de trompe pour récolter le pollen et leur abdomen n'a pas de glandes pour sécréter la cire.

Les mâles sont incapables d'aucun travail, leur seule fonction consiste à féconder les jeunes reines.

Suivant que la saison printanière a été plus ou moins précoce, les mâles apparaissent en avril ou en mai et quelquefois plus tard. Leur sortie de la ruche se fait toujours par un beau temps et vers le milieu du jour, pour aller à la recherche des jeunes reines qui choisissent ce moment de la journée pour faire leur sortie d'amour. La fécondation a toujours lieu dans l'air, car les organes génitaux du mâle ne peuvent fonctionner que lorsque ses sacs trachéens sont remplis d'air, ce qui n'a lieu que dans un vol rapide.

Dans l'intérieur de la ruche, les mâles ne cherchent jamais à s'accoupler avec la jeune reine, et ils n'ont pour elle pas plus d'attention que pour les ouvrières. Il n'en est

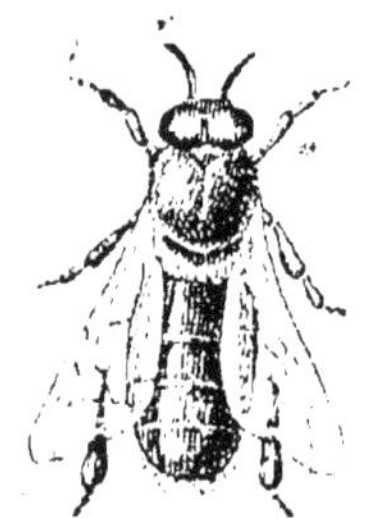

Fig. 41. — Mâle.

plus du tout de même lorsque la reine est dehors ; des centaines de mâles se mettent alors à sa poursuite, guidés par la vue et l'odorat, et le plus agile d'entre eux la féconde en léguant ainsi à sa postérité un peu de son énergie et de son activité.

Mort immédiate du mâle. — Le mâle qui a fécondé la reine meurt immédiatement après son accouplement, car son pénis reste adhérent aux organes génitaux de la femelle ; son succès en amour est la cause de sa mort.

Nombre des mâles. — Le nombre des mâles qui existent dans chaque ruche est excessivement variable ; certaines colonies n'en possèdent que quelques centaines, d'autres au contraire en ont plusieurs milliers. Les ruches qui possèdent le moins de mâles sont les meilleures, car ceux-ci sont des bouches inutiles qui consomment sans produire. Il est bon de restreindre le nombre des faux-bourdons, quand il tend à trop augmenter. Pour cela, certains agriculteurs emploient des pièges à mâles, sortes de boîtes percées de trous par lesquels il leur est impossible de passer, tandis que les ouvrières peuvent y circuler librement. Il vaut mieux supprimer les rayons à cellules de mâles et les remplacer par des rayons à cellules d'ouvrières quand on possède des ruches à cadres, car de cette façon on épargne aux abeilles le travail et la dépense d'élever ces inutiles consommateurs.

Quelquefois elles les font même périr sous leurs coups, en les transperçant de leur aiguillon ou en rongeant la base de leurs ailes. Quand elles n'emploient pas ces moyens violents, elles les persécutent en les confinant dans un coin de la ruche où elles les affament et les font mourir de faim. Les mâles qui ne sont pas encore éclos sont détruits eux aussi par les ouvrières et tirés hors des cellules qu'ils occupent, quand la récolte vient à diminuer. Si le butin est abondant, les mâles sont conservés jusqu'aux premiers jours de novembre.

Les organes génitaux du mâle se composent de deux testicules, de deux vases déférents, de vésicules séminales, de deux glandes muqueuses, d'un conduit séminal et d'un pénis. Le pénis a cela de particulier qu'il est armé de quatre écailles dont deux sont en forme de fer de faucille et les deux autres de forme triangulaire. Cette armature empêche le mâle de retirer son organe lorsqu'il est introduit dans la bourse copulatrice.

Aussitôt que la récolte du miel diminue, les mâles sont chassés de la ruche ou tués par les ouvrières.

IV. *Anatomie de l'abeille.* — Chez l'abeille, comme chez tous les insectes, la charpente est extérieure et formée d'une matière cornée à laquelle on a donné le nom de chitine.

Les abeilles sont couvertes de poils sur toutes les parties du corps ; ces poils ont la même composition que la charpente extérieure et servent à l'insecte pour différents usages. Un grand nombre de poils sont sensitifs et sont de véritables organes du toucher, d'autres, servent de brosse de nettoyage, tandis que certains plus fins et entrelacés retiennent les grains de pollen ; enfin d'autres, par leur abondance sur le thorax et sur l'abdomen, leur aident à conserver la chaleur du corps.

Le corps de l'abeille peut être divisé en trois parties très distinctes, qui sont : la tête le thorax et l'abdomen.

Tête. — La tête se compose des yeux, des antennes, des organes buccaux et de différentes portions qui sont d'importance très secondaire.

L'abeille a cinq yeux dont trois simples et convexes sont placés en triangle au sommet de la tête et deux composés ou à facettes, placés de chaque côté.

Les facettes des yeux composés sont hexagonales et correspondent chacune à un nerf qui communique au cerveau par un faisceau nerveux dont chaque unité correspond à l'une des facettes.

D'après Chesehire, un œil composé d'ouvrières posséderait 6300 facettes, alors que celui de la reine n'en aurait que 4920, et que celui d'un mâle en aurait plus de 13000.

Les petits yeux convexes servent à l'abeille pour voir les objets rapprochés tandis que les yeux à facettes leur servent à voir de très loin.

Les antennes sont les deux petites cornes flexibles qui ornent la tête de l'abeille ; elles lui servent d'organes de l'ouïe et de l'odorat.

La bouche est composée des lèvres supérieure et inférieure, des mandibules et des palpes. La lèvre supérieure est oblongue, son bord libre est cintré et couvert de poils. Les mandibules ont la forme de ciseaux recourbés, leurs bords externes sont convexes et couverts de longs poils, tandis que les bords internes sont tranchants et lisses.

La lèvre inférieure présente cinq parties qui sont réunies par leur base ; les deux externes sont les palpes labiaux, les deux internes les paraglosses et celle du milieu la langue.

La langue est presque transparente, incolore et recouverte de poils régulièrement placés en rangs transversaux ; elle se termine en cuiller ou bouton à son extrémité libre.

Beaucoup de personnes supposent que la langue de l'abeille est un tube ; c'est une erreur, c'est simplement une gouttière dont les bords peuvent se réunir de manière à former un tube très parfait. Quand les ouvrières n'ont plus rien à lécher, la langue disparaît rapidement.

Les ouvrières possèdent trois paires de glandes salivaires, tandis que la reine et les mâles n'en ont que deux.

La troisième paire des ouvrières secrète la nourriture laiteuse dont les larves sont nourries pendant leur premier âge. Cette nourriture est donnée aux reines pendant tout le temps de leur élevage, tandis que les ouvrières reçoivent dans les derniers jours de leur croissance un mélange de bouillie laiteuse, de pollen et quelquefois de miel.

Les deux autres paires de glandes, possédées par les trois genres d'individus, secrètent de la salive qui aide à la digestion et change le sucre de canne du nectar en sucre de raisin. Cette salive sert aussi aux abeilles pour ramollir les plaques de cire produites par les glandes cirières et pour nettoyer leur corps englué de miel.

Thorax. — Le thorax ou corselet est placé entre la tête et l'abdomen ; il porte les quatre ailes et les six pattes. Il est formé de trois anneaux réunis en un seul : le protothorax ou collier, le mésothorax et le métathorax. Chacune de ces trois parties porte une paire de pattes et les deux dernières portent en outre chacune une paire d'ailes.

Chaque patte présente cinq parties distinctes, savoir : 1° la hanche, de forme conique, couverte de poils en barbes de plume ; 2° le trochanter qui est triangulaire et également couvert de poils ; 3° le fémur, qui est très velu sur les parties internes ; 4° le tibia, de forme conique et légèrement recourbé ; 5° le tarse qui est composé de cinq articles.

La dernière articulation du tarse est munie de deux crochets qui servent à l'abeille pour saisir les objets ou pour se cramponner. Les pattes des abeilles sont couvertes de poils de longueur et de grosseur très variés, et certains d'entre eux ont une destination spéciale dans les travaux de récolte et de construction.

Les poils de la première paire de pattes servent spécialement à nettoyer les yeux et la langue et à ramasser les grains de pollen. Cette paire de pattes possède aussi une échancrure dont les poils servent à nettoyer les antennes des abeilles.

La seconde paire de pattes est dépourvue d'échancrure, mais son tibia est muni inférieurement d'un éperon droit qui sert aux abeilles pour enlever les pelottes de pollen qu'elles apportent à la ruche, au moyen de leur corbeille.

Les pattes postérieures sont munies d'une pince qui est formée par l'articulation tibio-métatarsienne, elle sert aux abeilles à détacher de l'abdomen les petites plaques de cire produites par les glandes cirières. Le métatarse est élargi, de forme presque carrée et légèrement convexe sur ses deux surfaces ; sa face interne est garnie de peignes qui servent aux abeilles pour recueillir le pollen qui s'est attaché aux poils du corselet. Lorsque les abeilles ont recueilli le pollen avec leurs peignes, elles le déposent dans une corbeille qui est creusée dans le tibia. La cavité de la corbeille est lisse et sans poils, ses bords en sont au contraire garnis pour augmenter saus aucun doute la contenance du magasin à pollen. Lorsque la corbeille est pleine de pollen, l'ouvrière retourne à la ruche pour déposer ce qu'elle a récolté.

Les pattes des ouvrières possèdent seules ces corbeilles, la reine et les mâles en sont dépourvus.

Les abeilles possèdent deux paires d'ailes ; la paire antérieure est portée par le mésothorax et la paire postérieure par le métathorax. Lorsque l'abeille veut voler, les deux ailes s'agrafent pour n'en former qu'une seule ; dès que le vol cesse, l'aile se dédouble.

Abdomen. — L'abdomen des abeilles est plus long que la tête et le thorax réunis ; il est réuni au thorax par un ligament nommé pétiole et il est composé de six segments. Le premier de ces segments a la forme d'un cône tronqué, on le nomme proméros ; le deuxième et le troisième sont nommés mésamoros et ont une section polygonale, de même que les quatrième et cinquième qui eux sont nommés métamoros ; enfin, le dernier, qui est cordiforme, est désigné sous le nom de segment anal. L'abdomen est recouvert de poils nombreux, comme toutes les autres parties du corps. Chez la reine, ils sont si fins et si petits, qu'à peine peut-on les distinguer à l'œil ; chez le mâle, le segment anal est recouvert de poils très longs.

Les organes qui secrètent la cire sont situés sous l'abdomen.

Appareil digestif.

Le tube digestif commence à la bouche sous la forme d'un tuyau très étroit et pénètre dans l'abdomen après avoir traversé le thorax ; cette première portion représente l'œsophage. L'œsophage débouche dans le jabot ou gésier qui sert de réservoir pour le miel ; celui-ci a la forme d'une petite poire, il est à parois transparentes avec reflets argentés.

L'estomac fait suite au jabot, il est formé par une suite d'ondulations qui vont en s'élargissant et se rétrécissant une vingtaine de fois de suite ; le dernier rétrécissement se continue et forme l'intestin grêle qui précède le gros intestin, lequel aboutit enfin à l'anus. Dans l'intérieur de l'estomac se trouvent des glandes gastriques dont les sécrétions aident à la décomposition des aliments.

Appareil respiratoire

L'appareil respiratoire de l'abeille s'étend dans toutes les parties du corps. Il est formé de tubes dans lesquels l'air pénètre par les organes spéciaux, sortes de petits trous nommés stigmates. Ces tubes ou vaisseaux respiratoires se relient avec les trachées vésiculaires qui sont placées sur les flancs. Ces trachées vésiculaires, qu'on nomme aussi sacs trachéens, sont variables comme forme et comme dimension, suivant la quantité d'air qu'elles contiennent ; elles aident l'insecte à voler quand elles sont remplies d'air, car elles diminuent son poids spécifique.

Appareil circulatoire

La circulation du sang s'effectue chez l'abeille par un vaisseau dorsal qui envoie des ramifications dans toutes les parties du cops. La portion de ce vaisseau qui se trouve dans l'abdomen a reçu le nom de cœur. La couleur du sang est légèrement jaunâtre, et dans le liquide se trouvent des globules incolores.

Système nerveux

Les ouvrières ont un cerveau très développé, tandis que les mâles, malgré leur tête bien plus grosse, possèdent beaucoup moins de matière cérébrale ; les mâles sont aussi beaucoup moins intelligents que les ouvrières.

AIGUILLON DES ABEILLES.

L'aiguillon ou dard, qui n'existe que chez les mères et les ouvrières, est caché dans l'abdomen : c'est la partie vraiment active de l'appareil vulnérant de l'abeille. Cet appareil de défense est composé de deux glandes à venin qui se réunis-

Fig. 41. — Aiguillon.

sent par un canal commun pour arriver à un élargissement piriforme qui constitue le réservoir du venin.

De ce réservoir sort un canal étroit qui se termine par le dard. Le dernier anneau de l'abdomen présente une sorte de gaîne cornée, fendue dans toute sa longueur ; l'abeille peut la faire sortir ou rentrer dans son abdomen à volonté.

Le dard forme une arme très aïgue, il est composé de deux aiguilles cornées qui laissent entre elles un petit canal par lequel le liquide venimeux s'écoule dans la blessure. Chacune des aiguilles est munie de dents dont les pointes sont tournées en arrière comme une flèche. La disposition de ces dentelures empêche très souvent l'abeille de pouvoir retirer son aiguillon, s'il est enfoncé dans une substance ferme.

Lorsque l'abeille a perdu son aiguillon, elle meurt, car une partie de ses intestins s'échappe également par l'orifice ainsi formé ; il peut arriver cependant que l'aiguillon et le sac à venin se détachent seuls, alors elle continue à vivre pendant quelques jours, sans se douter de son impuissance.

CHAPITRE XV

CONSTRUCTIONS ET NOURRITURE DES ABEILLES

I. Constructions.

Rayons. — La cire dont les rayons sont formés est une secrétion naturelle des abeilles lorsqu'elles ont l'estomac bien rempli. La transformation de sa nourriture en cire demande à l'abeille environ vingt-quatre heures ; durant le repos, la cire suinte par 4 paires de glandes situées sous l'abdomen des ouvrières. Il se forme ainsi de petites plaques de cire qui ont la forme d'un pentagone irrégulier. Ces lamelles servent ordinairement à construire les rayons, mais il arrive aussi quelquefois qu'elles sont sans emploi ; alors, dans ce cas, les abeilles en font des amas qu'elles utilisent au moment des besoins.

Les jeunes abeilles produisent plus de cire que les vieilles, car elles consomment généralement plus de miel. La production d'un kilogramme de cire nécessite la consommation de onze kilogrammes de miel, si l'on en croit l'assertion de l'apiculteur Huber. Les rayons de cire sont construits en commençant par la partie supérieure, mais, quelquefois, les abeilles bâtissent aussi en remontant ; leurs constructions ne sont pas régulières quand elles opèrent ainsi.

Les abeilles se réunissent en chaînes pour construire leurs rayons et elles forment dans l'intérieur de la ruche une série de groupes linaires qui se suspendent au plafond comme de véritables guirlandes.

Nous empruntons ici à MM. Sourbé et Girard la description du travail architectural des abeilles.

« Une première ouvrière vient attacher au plafond de la « ruche le petit bloc de cire qu'elle a obtenu en mastiquant « les lamelles de cire retirées des anneaux de son abdo- « men. Une autre lui succède pour augmenter la masse et « ainsi de suite. Ces lamelles, soudées les unes aux autres, « forment une ligne droite sur laquelle les ouvrières dépo- « sent une seconde couche de cire qui allonge la première « vers le bas. Les abeilles prolongent cette cloison en des- « cendant, et comme le poids de celles qui y sont suspen- « dues est suffisamment considérable et qu'en outre la « cire employée est très malléable, la direction de la cons- « truction est celle du fil à plomb. Lorsque cette cloison « plane et verticale a acquis une certaine longueur, les « ouvrières se partagent en deux groupes, l'un continuant « à prolonger la cloison, l'autre s'occupe de former des « cellules sur ses deux faces. A cet effet, une abeille creuse « avec ses mandibules, à la partie supérieure de la cloison, « une niche pyramidale ; elle se sert du déblai et des maté- « riaux qu'elle apporte pour construire une cellule hexago- « nale. Lorsqu'il y a un nombre assez grand de cellules « construites à droite et à gauche de la cloison médiane, « les abeilles construisent de chaque côté 2 cloisons nou- « velles, puis la construction de tous les rayons marche « de front jusqu'à ce qu'ils touchent la partie inférieure de « la demeure. »

Les cellules ne sont pas horizontales, mais légèrement inclinées de manière à être facilement remplies de miel.

L'épaisseur d'un rayon à cellules d'ouvrières est de 25 millimètres. La distance qui sépare chaque rayon varie entre 9, 11 et 12 millimètres. Lorsque les rayons sont nouvellement construits, ils sont d'une teinte jaunâtre, plus tard ils passent au brun clair et au brun foncé, à cause des immondices que les larves y déposent.

Les cellules d'ouvrières sont les plus petites qui existent dans l'intérieur de la ruche ; d'après l'abbé Collin, un décimètre carré de cellules d'ouvrières comprendrait à peu près

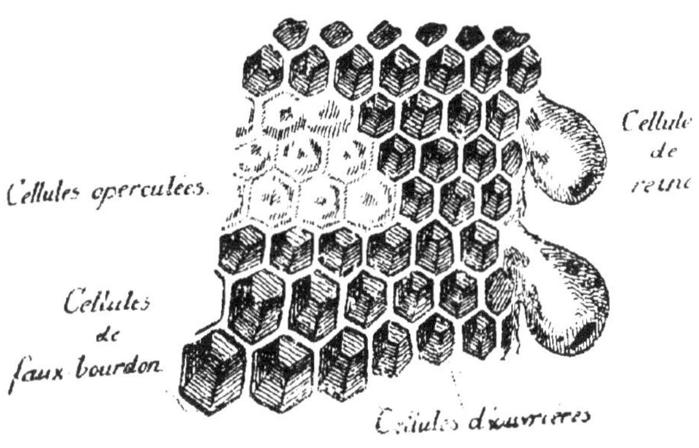

Fig. 42. — Cellules.

850 de ces compartiments, alors que la même surface serait occupée par 530 cellules de mâles.

Les cellules de reines sont les plus grandes de toutes et il entre dans leur construction de 100 à 150 fois plus de cire que dans les cellules d'ouvrières. Elles sont facilement reconnaissables, en ce sens que leur ouverture est tournée vers le bas, qu'elles ont une forme arrondie et que leur pourtour est guilloché de petits trous triangulaires.

Propolis. — La propolis est une matière résineuse récoltée par les abeilles sur les bourgeons de certains arbres, notamment des peupliers, saules, marronniers, aunes, bouleaux. Cette matière leur sert à enduire leur habitation, à boucher les petites fentes de manière à rendre la ruche imperméable à l'air et à l'eau. Les abeilles n'en font pas de réserve, elles l'emploient aussitôt qu'elles l'ont récoltée ; elles l'apportent à la ruche au moyen de leurs pattes sur lesquelles cette substance adhère fortement.

Les abeilles ne se contentent pas seulement de vernir leur habitation avec la propolis, elles s'en servent aussi pour consolider leurs rayons et pour enduire les corps de leurs ennemis, lorsqu'ils sont trop volumineux pour être sortis hors de la ruche. Elles agissent ainsi vis-à-vis des limaces et des papillons.

II Nourriture des abeilles

Miel. — Le miel est une substance sucrée produite par la transformation du nectar des fleurs, récolté par les abeilles.

Lorsque le nectar a été ingéré dans le jabot de l'abeille, il suffit une transformation chimique, qui fait passer le sucre de canne ou saccharose à l'état de sucre de raisin ou glucose.

Nectar. — Le Nectar se trouve dans les fleurs à différents degrés de composition. Dans certaines plantes telles que le fuschia, il se trouve à l'état de sucre presque entièrement privé d'eau et il cristallise même quelquefois par un temps sec ; dans d'autres, au contraire, il en contient des proportions relativement considérables.

La quantité de nectar exsudée par les fleurs est plus considérable le matin que le soir ; il y a arrêt pendant le milieu du jour.

Le liquide sucré peut être récolté ailleurs que dans les fleurs par les abeilles, car il est aussi produit par une exsudation des feuilles de certains arbres et par les excrétions de plusieurs espèces de pucerons.

Les abeilles qui vont à la récolte du miel le prennent indistinctement sur toutes les fleurs, puis, lorsqu'elles ont le jabot plein, elles rentrent à la ruche pour le dégorger dans les cellules. Le miel est d'abord emmagasiné à l'arrière de la ruche, immédiatement au-dessus du couvain, dans la portion désignée sous le nom de grenier à miel. Les pourvoyeuses ne placent pas elles-mêmes le miel dans les cellules, elles se dégorgent d'abord dans l'estomac vide d'une jeune ouvrière, puis elles repartent à la récolte après s'être reposées un instant si elles sont fatiguées.

Le miel est dégorgé sur une grande surface de rayon, de manière à évaporer, avec facilité, l'excès d'eau qu'il contient. L'évaporation de l'eau en excès est produite par une ventilation énergique, faite par les abeilles au moyen de leurs ailes. Le propriétaire d'abeilles peut se rendre compte de l'abondance de la récolte par le bourdonnement plus ou moins intense produit par les abeilles pendant la nuit.

Lorsque le miel a pris suffisamment de consistance, il est enlevé d'une partie des cellules pour remplir complètement les autres. Les cellules pleines sont ensuite fermées par un couvercle plat, auquel on donne le nom d'opercule ; les abeilles laissent quelquefois un petit trou rond au milieu de l'opercule, pour leur permettre d'achever complètement le remplissage.

Pollen. — Cette substance est récoltée sur les fleurs par les abeilles. Elle sert à nourrir leurs larves ; c'est une matière de composition azotée. Huber est le premier des apiculteurs qui aient découvert que la nourriture principale des larves était composée de pollen.

Lorsque les abeilles font la récolte du pollen, elles ne le prennent que sur les fleurs de même espèce, de façon à ne jamais mélanger les pollens de différentes couleurs. Lorsqu'elles ne peuvent récolter de pollen, elles visitent les moulins, les boulangeries et autres lieux où l'on emmagasine les sons et les farines ; elles apportent ces matériaux à la ruche après s'être chargées aussi convenablement que leur permettait l'abondance de ces substances. Cette remarque a fait naître la pratique de fournir de la farine aux abeilles dès la fin de l'hiver, et, dans certains pays, cette découverte a rendu les plus grands services.

Fécondation des fleurs. — Les abeilles aident puissamment à la fécondation des fleurs, en allant à la recherche des grains de pollen et on ne saura jamais apprécier l'influence favorable qu'elles exercent ainsi sur la production agricole.

Eau. — L'eau est aussi indispensable aux abeilles qu'à nos animaux domestiques et à nous-mêmes. Elles s'en servent pour dissoudre le miel en granulation, pour humecter la nourriture des larves et pour digérer leur nourriture. Le jabot des abeilles est le réservoir naturel dans lequel elles accumulent l'eau pour l'apporter à la ruche.

Sel. — Le sel est beaucoup recherché par les abeilles et elles fréquentent assez souvent les fosses d'aisances, les égoûts pour se procurer des matières salines. On ne sait pas encore si le sel récolté sert à la nourriture du couvain ou à celle des adultes, mais il est fort probable que toutes doivent en consommer.

CHAPITRE XVI

LE RUCHER ET LE TERRITOIRE

LE RUCHER.

L'apiculture demandant des soins nombreux de détails ; un débutant ne devra jamais commencer sur une grande échelle, 4 ou 5 ruches suffisent amplement pour les premières années.

Abris. — Il faut avoir soin de placer le rucher dans un endroit abrité des vents dominants de la région, car l'abeille ne pourrait prospérer dans une semblable situation. On devra également placer les ruches aussi loin que possible des chemins très fréquentés, car le bruit pourrait ennuyer les abeilles.

L'éloignement de la maison d'habitation ne devra pas être trop considérable ; la surveillance deviendrait impossible dans ce cas. Enfin l'entrée des ruches sera tournée du côté du sud, du-sud-est ou du sud-ouest.

Espacement des ruches. — Les ruches doivent être placées sur des plateaux indépendants les uns des autres et suffisamment éloignés pour permettre de circuler facilement entre chacune d'elles. Si on ne pouvait les espacer suffisamment, il serait bon de suivre les avis de John Mills, qui recommandait au siècle dernier de peindre les entrées des ruches de différentes couleurs.

Ruchers couverts. — On trouve surtout des ruchers couverts en Allemagne et en Italie ; leur principale utilité est de protéger les ruches contre les voleurs quand on peut les fermer à clef. Les manipulations sont moins faciles dans les ruchers couverts que dans les ruchers à air libre, aussi ne les conseillons-nous pas aux apiculteurs français.

Désertion des abeilles. — Lorsque la colonie est trop faible ou que les provisions lui manquent, il peut lui arriver de déserter son habitation. Une trop grande humidité où la moisissure des rayons peuvent produire les mêmes effets.

Dépopulation du printemps. — Si l'hiver a été rigoureux et si la saison printanière est froide et tardive, les colonies perdent peu à peu leurs abeilles, et il n'en reste presque plus dans les ruches, dans le cas où cet état de chose se prolonge.

Pour éviter la dépopulation du printemps, on devra bien abriter les ruches pendant l'hiver et leur donner de la nourriture au printemps, si elles ont épuisé leurs provisions avant l'apparition des fleurs.

Hivernage des abeilles. — Les abeilles supportent les hivers les plus rigoureux, à la condition qu'elles aient amassé pendant l'été des provisions suffisantes pour la saison d'hiver. Dès les premiers froids, les abeilles s'assemblent dans la ruche en une masse compacte, ce qui leur permet d'entretenir une température assez chaude dans l'intérieur de la ruche et au sein même de l'hiver. Lorsque les abeilles sont ainsi groupées, la tête de chacune d'elles est placée sous l'abdomen de celle qui se trouve immédiatement au-dessus. Le groupement se fait sur les cellules vides, au-dessous du miel ; celles des abeilles qui se trouvent placées à la partie supérieure près des cellules pleines passent la nourriture à leurs voisines inférieures qui à leur tour en donnent aux suivantes, et ainsi de suite jusqu'aux dernières.

Il y a toujours avantage à laisser aux abeilles une assez grande quantité de miel pendant l'hiver, car la ponte est plus forte au printemps suivant.

La nourriture d'hiver doit être de très bonne qualité, si l'on ne veut pas courir les risques de perdre ses abeilles par la diarrhée. Cette diarrhée est causée par la rétention des aliments dans les intestins, car les abeilles ne peuvent se vider, puisque le froid les confine dans la ruche. Si la nourriture est de mauvaise qualité, leur ventre distendu ne peut la retenir et elles se vident, se salissant les unes les autres ainsi que les rayons. La meilleure nourriture pour l'hiver sera composée de matière sucrée presque pure, parce qu'elle ne laisse que très peu d'élément de déchet dans les intestins. Le miel de sarrasin et de bruyère, qui est brun, est inférieur à celui de sainfoin et de trèfle qui est presque blanc.

Hivernage en plein air. — Dans les pays tempérés, on peut laisser les abeilles passer l'hiver en plein air. Si l'apiculteur veut avoir quelque chance de réussite, il ne devra conserver que des ruches bien peuplées, et pour cela il devra se résoudre à réduire le nombre de ses colonies en se servant de celles qui sont faibles pour augmenter la valeur de ses bons essains.

Les colonies nombreuses consomment beaucoup moins de nourriture que les colonies faibles, et elle conservent mieux la chaleur.

Quand l'on veut réunir deux colonies, il faut effrayer celles qui doivent recevoir les autres, afin de les faire gorger de miel pour les rendre plus paisibles vis-à-vis des nouvelles venues. On pourra aussi, après les avoir enfumées, les asperger avec de l'eau sucrée aromatisée.

Lorsqu'on laisse les ruches en plein air pendant l'hiver,

il est bon de les abriter soit avec de la paille, soit avec des feuilles ou des herbes sèches. On peut aussi placer dans l'intérieur des ruches quelques absorbants d'humidité, tels que coussins de sciure de bois bien sèche ou de menue paille hachée.

L'entrée des ruches hivernées doit être laissée ouverte pour permettre aux abeilles d'aller se vider au dehors par les beaux jours.

Pour protéger plus efficacement les abeilles contre le froid, on a inventé des ruches à doubles parois, mais elles sont d'un maniement assez difficile à cause de leur poids plus considérable.

Dans certaines parties de l'Europe, aux Etats-Unis et au Canada, on fait hiverner les abeilles dans des caves ou dans des celliers. En France nous n'hivernons généralement pas nos abeilles de cette façon, qui est légérement dispendieuse d'ailleurs et à peu près inutile sous notre climat.

Territoire

Le territoire sur lequel sont placées les ruches, influe beaucoup sur la quantité et sur la qualité du miel produit. Chacun sait que les miels de Narbonne ont une réputation universelle et les Bretons, ainsi que les Normands, connaissent le peu de cas qu'on fait de leurs miels sur les marchés.

Nombre des ruches. — Le nombre des ruches que l'on peut placer sur un territoire quelconque, avec chance de profit, varie avec la richesse de la flore mellifère de la contrée. Il est impossible de fixer le nombre de colonies qu'une contrée peut nourrir : dans les parties pauvres, quelques ruches par village suffisent amplement à récolter le nectar des fleurs, tandis que dans un pays fertile, on pourra aisément placer quarante à cinquante ruches par kilomètre carré ou centaine d'hectares.

CHAPITRE XVII

DE L'ESSAIMAGE

Essaimage naturel. — On donne le nom d'essaimage naturel, à une émigration partielle de la colonie qui sort de son habitation pour aller s'établir en un autre lieu. L'essaimage est généralement causé par un état anormal de la colonie.

L'essaimage peut quelquefois se faire totalement pour tous les habitants de la ruche, mais c'est alors une désertion. Cette désertion est parfois causée par la trop grande humidité de la ruche, par la moisissure des rayons, comme nous l'avons déjà vu. Le manque de nourriture peut aussi causer la désertion des abeilles hors de saison d'essaimage. La désertion n'est pas un véritable essaimage, car il n'y a que les émigrations en saison convenable que l'on peut dénommer ainsi. On distingue plusieurs sortes d'essaimage. 1° L'essaimage primaire avec vieille ou jeune reine ; 2° l'essaimage secondaire ; 3° l'essaimage tertiaire, etc...

Essaimage primaire avec vielle reine. — Lorsque le printemps a été beau et qu'il a permis aux abeilles de faire une abondante récolte, les reines ont rapidement garni d'œufs toutes les cellules disponibles. Si la mère est encore féconde et que le temps soit beau, les abeilles ne tardent pas à se sentir le besoin d'émigrer et de former une autre colonie. Elles préparent alors l'élevage des reines, pour remplacer la mère qui va partir avec l'essaim. Lorsque le temps est pluvieux et que les fleurs ne donnent pas beaucoup de miel, les abeilles n'essaiment pas. L'époque de l'essaimage est tout à fait variable, car il dépend de la précocité de la saison, de la force de la colonie et du climat.

Symptôme. — Il n'est pas d'indice certain pour reconnaître le moment de l'essaimage, on a cependant fait la remarque suivante : lorsque les colonies fortes et nombreuses envoient peu d'abeilles aux champs, tandis que les autres ruchées sont en plein travail, on peut s'attendre a l'essaimage.

Par un temps chaud les essaims sortent quelquefois dès 7 heures du matin, mais le plus ordinairement ils ne sortent que vers le milieu du jour, entre 10 heures du matin et 2 heures de l'après-midi. La reine ne sort généralement pas en tête de l'essaim, mais seulement lorsqu'un certain nombre d'ouvrières ont déjà quitté la ruche. Il lui arrive parfois de ne pouvoir suivre ses compagnes, car sa charge d'œufs alourdit son vol, bientôt elle tombe par terre. Lorsque les abeilles s'aperçoivent de sa perte, elles se mettent à sa recherche, puis elles retournent à la ruche quelques instants après si elles n'ont pas réussi à la trouver.

Les cultivateurs ont l'habitude d'employer les sonneries de poêles et de chaudrons pour faire poser les colonies qui essaiment ; cette pratique est complètement inutile. Il faudrait plutôt lancer du sable sur l'essaim ou l'asperger d'eau avec une seringue.

Lorsque les abeilles veulent essaimer, elles envoient des éclaireurs pour chercher un logement ; si l'habitation est connue à l'avance, elles s'y dirigent en ligne droite pour y élire domicile.

Moyens employés pour attirer les essaims. — On peut attirer les essaims d'abeilles, au moyen d'un vieux chapeau ou d'une poignée de plantes sèches de couleur foncée suspendue à une branche d'arbre ou à un piquet. Vus de loin, ces objets ressemblent grossièrement à un essaim et c'est suffisant pour engager les abeilles à s'arrêter. On réussit également très bien avec un rayon sec et brun, que l'on suspend, non loin du rucher. Ces appâts seront inutiles si le rucher se trouve placé dans le voisinage d'arbres, de treilles ou de buissons.

Récolte des essaims. — Les essaims devront être récoltés aussitôt que les abeilles montrent quelque tranquillité. Il vaut mieux attendre un peu plus que de se presser trop,

Fig. 45. Récolte d'un essaim.

si on ne veut pas se faire piquer. Il faut avoir beaucoup de calme et ne pas oublier que l'humeur des abeilles qui essaiment est d'ordinaire très paisible, car elles sont bien gorgées de miel. Si le temps est orageux, les abeilles sont plus excitables et on doit agir avec plus de précautions.

La ruche dans laquelle on recevra les abeilles n'aura pas dû être échauffée par le soleil, elle devra au contraire être très fraîche pour plaire à l'essaim, car les abeilles sont suffisamment surchauffées par les efforts qu'elles ont fait dans leur vol sous un soleil ardent.

Si on recueille l'essaim dans une ruche à rayons mobiles, on pourra l'amorcer avec des morceaux de rayons d'ouvrières, qu'on attachera aux cadres. Avec semblable précaution, il est bien rare que les abeilles abandonnent leur nouvelle habitation.

Il est également très bon de garnir les cadres de la ruche avec des feuilles de cire gaufrée.

CHAPITRE XVIII

DE LA RUCHE

Le mot *ruche* est employé communément pour désigner la demeure des abeilles. Il nous vient de la langue provençale et signifie écorce d'arbre.

A l'état sauvage, les abeilles ayant l'habitude de se loger dans des arbres creux, les hommes ne songèrent d'abord à faire des ruches qu'avec l'écorce des arbres. Ils eurent

Fig. 43. — Ruche vulgaire.

recours plus tard à toutes sortes de matériaux: paille, osier, branchages, planches.

On répartit aujourd'hui les ruches en 2 catégories : celles à rayons fixes et celles à rayons mobiles.

Les ruches à rayons fixes sont celles dans lesquelles les abeilles fixent directement leurs rayons sur les parois du vase. C'est la ruche vulgaire ou panier, que l'on fait le plus souvent en paille ou en osier, en bois, en liège. Elle a généralement la forme d'une calotte sphérique reposant sur un plateau ou un tablier en bois.

L'essaim qui y est recueilli y construit ses rayons, et, lorsqu'on veut procéder à la récolte du miel, on doit, ou bien sacrifier toute la colonie, ou bien découper dans l'intérieur des rayons qu'on enlève en détruisant souvent de grandes

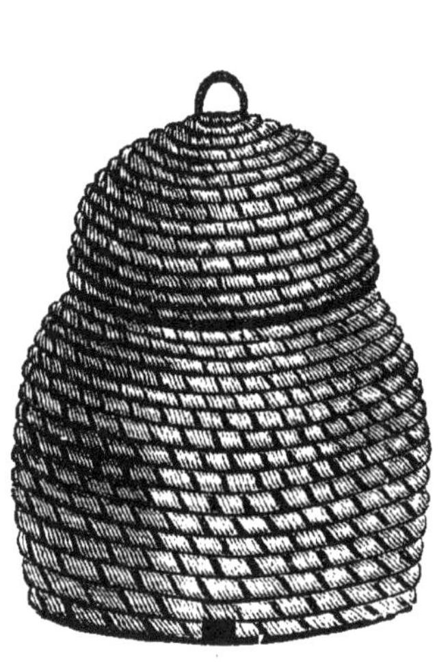

Fig. 44. — Ruche à calotte.

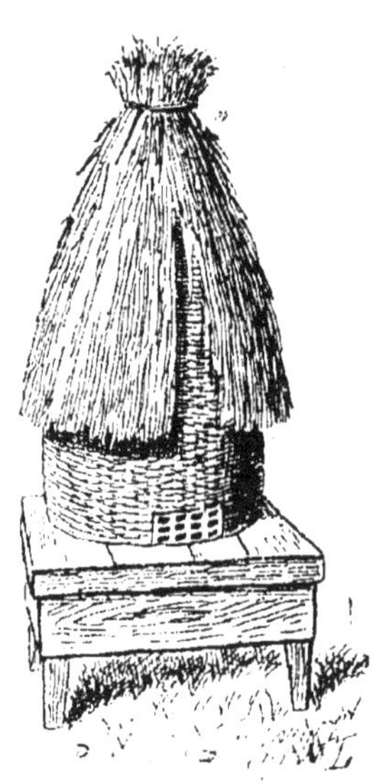

Fig. 45. — Ruche recouverte de paille pour l'hivernage.

quantités de couvains. C'est pour obvier à ces inconvénients qu'a été imaginée la ruche à calotte ; c'est une ruche ordinaire divisée en 2 parties, un peu au-dessus de la moitié de la hauteur, par un plancher en bois brut percé d'une ouverture.

Cette ouverture peut être fermée et on ne l'ouvre qu'au moment de la grande récolte de miel.

Les abeilles, après avoir rempli les rayons inférieurs, montent dans cette 2e ruche et y construisent des rayons qui sont remplis en quelques semaines. On enlève alors la calotte, qu'on appelle aussi capot, et on ferme l'ouverture du plancher. De cette façon on est en possession du miel sans avoir employé les procédés barbares d'étouffage ou d'extraction des rayons. Parmi les meilleures ruches à rayons mobiles, il faut citer la ruche Dadant.

Cette ruche consiste en une caisse longue de 50 centimètres, large de 45 et haute de 30 à 35. Cette caisse est à dou-

Fig. 46. — Ruche Dadant.

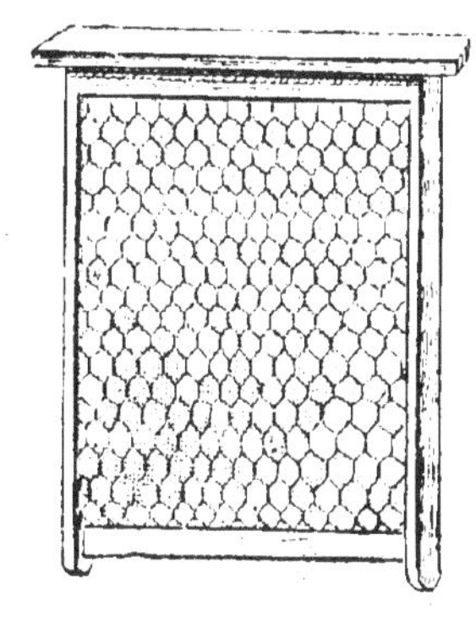

Fig. 47. — Cadre mobile.

ble paroi. Elle est munie d'un trou de vol sur le côté le plus étroit et elle repose sur un plateau. Les cadres mobiles ont 30 centimètres de hauteur et 45 de largeur. La ruche en renferme onze.

Les cadres sont recouverts par une toile peinte fixée avec des lattes. Au-dessus on place le couvercle en forme de toit. La ruche ainsi constituée est la ruche permanente dite chambre à couvain. Pour la récolte du miel on y ajoute des hausses. Ce sont des caisses sans fond ni couvercle, longues et larges comme la ruche, mais moitié moins hautes. La construction est la même et elles sont garnies de cadres aussi larges, mais moitié moins hauts que ceux de la ruche. Au moment de la récolte du miel, on y ajoute une, deux ou trois hausses.

Une autre ruche, très employée est celle de *Layens*, ou ruche française. Elle consiste en une caisse de planches en bois léger, sans fond ni couvercle, de 80 à 90 centim. de longueur sur 40 à 45 de large. Le plus souvent elle est à doubles parois entre lesquelles on met de la sciure ou un autre corps isolant. Elle repose sur un plateau en bois et le trou de vol se trouve pratiqué au milieu du bas de la paroi antérieure ; il est long de 20 centim. sur 10 à 12 millim. de hauteur et peut être fermé plus ou moins, à l'aide d'une lamelle mobile. Dans l'épaisseur du plateau est creusée une augette qui communique avec l'extérieur de la ruche et qui

Fig. 48. — Ruche Layens.

sert à recevoir la nourriture d'hiver. « Une des parois de la ruche, lisons-nous dans le Dictionnaire d'agriculture de Barral et Sagnier, est munie d'une vitre qui permet de surveiller l'intérieur. La ruche est surmontée, par un couvercle mobile, en forme de toit à double pente, débordant de tous côtés ; le toit est recouvert, à volonté, de tôle, de lattes ou de paille. A l'intérieur de la ruche, sur la partie supérieure des cloisons longues, est pratiquée une battue de 12 millimètres pour recevoir le liteau supérieur des cadres ; des petits arrêts, au bas des parois, soutiennent et fixent les cadres, placés verticalement. » Ces cadres sont faits avec des liteaux de bois, ils sont rectangulaires et de dimensions appropriées. Le bord supérieur est renforcé par un liteau qui le déborde et repose sur la battue des parois. Les cadres suspendus sont distants de 8 millimètres environ des parois de la ruche, et les abeilles peuvent circuler librement dans tous les sens. Au dessus des cadres, et horizontalement, on place une toile cirée, que surmonte un cadre muni de lattes sur lequel on cloue des toiles grossières pour séparer la ruche de son couvercle. Une de ces ruches peut renfermer vingt cadres, mais on peut en diminuer la capacité au moyen d'une planche de séparation pleine, le vide compris entre cette planchette et la paroi est alors remplie avec du foin. Cette ruche est aujourd'hui très employée et donne d'excellents résultats.

CHAPITRE XIX

RÉCOLTE DU MIEL.

Après la grande miellée, c'est-à-dire après la floraison générale des plantes, on pratique la récolte d'été en enlevant les rayons des ruches. Pour récolter le miel dans les ruches fixes, on a dans certains pays, la mauvaise habitude d'asphyxier les abeilles en faisant brûler du soufre à la partie inférieure de la ruche.

Fig. 49. — Enfumage des abeilles.

Si la ruche fixe est à calotte, on procède d'une autre façon. On passe une lame de couteau entre la calotte et la ruche, afin de les séparer l'une de l'autre. On enfume les abeilles afin de les mettre en état de *bruissement*, puis on emporte la calotte dans une chambre. Là on enlève les rayons à l'aide d'un couteau à miel, il ne reste plus après qu'à séparer le miel des rayons de cire.

Si on a affaire à des ruches à rayons mobiles, on enlève les cadres gorgés de miel et on les remplace par des rayons vides. Quand on fait cette opération, il faut avoir soin de bien dégager préalablement au couteau les cadres que les abeilles auraient pu souder aux parois de la ruche. On enlève ensuite les cadres avec des pinces spéciales. On fait tomber avec un léger balai les abeilles qui étaient sur les claies et on renferme les cadres dans une boîte close.

A l'automne, on procède à une deuxième récolte de miel et on aménage la ruche pour l'hivernage.

A cet effet on ne laisse que les rayons de miel nécessaires à l'approvisionnement d'hiver et les rayons garnis de couvains; on restreint le volume de la ruche par des planchettes de partition.

On diminue la largeur du trou de vol en le réduisant aux proportions strictement nécessaires. Si les ruches sont en plein air, on doit même les abriter d'un peu de paille.

Le produit moyen d'une ruche fixe est d'environ 10 kilogrammes de miel et 2 kilogrammes de cire. Les ruches à cadres mobiles produisent deux, trois et même quatre et cinq fois plus.

Extraction du miel des rayons de cire. — Pour extraire le miel des rayons de cire dans lesquels il est contenu, on opère de différentes façons : par la fonte ou par le broyage des rayons, ou bien encore on se sert de l'extracteur.

Les premiers procédés s'emploient pour le miel obtenu dans les ruches fixes ; le procédé à l'extracteur est réservé pour les rayons obtenus dans les ruches à cadres mobiles.

Extracteur. — L'extracteur est une sorte d'essoreuse

dans laquelle on introduit les rayons de miel attachés à leurs cadres. Lorsqu'on met en marche la manivelle, on imprime un mouvement de rotation suffisant pour faire sortir le miel hors de ses alvéoles sans briser les rayons.

Lorsque l'extraction du miel est achevée, on peut donner

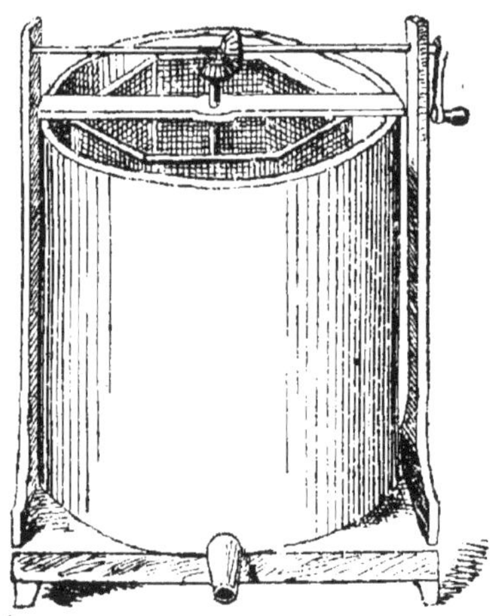

Fig. 50. — Extracteur.

les rayons de cire aux abeilles pour les remplir de nouveau. On augmente ainsi beaucoup la production du miel, car les abeilles, n'ayant plus à construire, concentrent leur activité sur la production.

Conditions extérieures requises pour le rucher. — La production du miel est d'autant plus abondante que la contrée est plus riche en plantes mellifères.

L'agriculteur devra placer ses ruches dans les lieux les plus riches en fleurs, il lui sera même avantageux de les multiplier au voisinage de ses ruches.

Maladies des abeilles. — Les abeilles sont sujettes à

quelques maladies, dont les plus connues sont : la *dyssenterie*, l'*indigestion*, le *vertige* et la *loque*.

La *dyssenterie* ou diarrhée des abeilles, se manifeste à la fin de février ou au commencement de mars ; elle paraît occasionnée par l'humidité. Pour empêcher la dyssenterie, il faut bien aérer les ruches et essuyer les plateaux sur lesquels elles reposent.

L'*indigestion* se produit lorsqu'une abeille est bien remplie de miel et qu'elle est surprise par le froid. Elle ne peut digérer et périt.

Le *vertige*, qui attaque les abeilles quelquefois, consiste en une sorte de tournoiement. Il est causé, dit-on, par les fleurs des ombellifères sur lesquelles les abeilles se sont posées.

La *loque*, ou pourriture du couvain, attaque les jeunes larves d'abeilles. Cette maladie se développe dans les ruchers sans cause bien connue. Les larves atteintes jaunissent, deviennent molles, meurent, puis se dessèchent en prenant une couleur de café torréfié.

Quant on s'aperçoit qu'une ruche est atteinte de la loque, il faut en détruire les rayons et recueillir les abeilles dans une autre ruche.

Ennemis des abeilles. — Les abeilles ont à se défendre contre les attaques de quelques ennemis et notamment contre la teigne, la guêpe, le sphinx, la souris, le crapaud, etc. La *teigne* est une chenille qui provient d'un papillon de couleur grisâtre. Cette chenille pénètre dans les gâteaux de miel, se construit un tuyau de soie qu'elle fortifie avec ses excréments et quelques parcelles de cire. Peu à peu, si les teignes sont nombreuses, elles envahissent les rayons et forcent les abeilles à évacuer. Quand on s'aperçoit de la présence de la teigne, on enlève les rayons contaminés, Si les dégâts sont trop grands, on vide entièrement la ruche et on met la population dans une autre habitation.

Les guêpes tuent et pillent les abeilles ; aussi est-il toujours bon de détruire les guêpières.

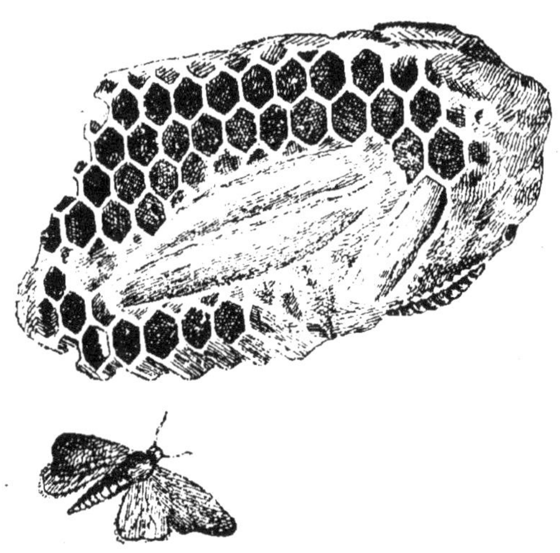

Fig. 51. — Teigne.

Le *sphinx* tête de mort est un gros papillon qui entre dans les ruches pour y consommer du miel. Le meilleur moyen

Fig. 52. — Sphinx. Tête de mort.

de prévenir ses ravages consiste à rétrécir l'entrée des ruches.

L'invasion des souris peut être évitée en prenant les mêmes précautions que pour le sphinx tête de mort ; d'ailleurs les abeilles les tuent généralement, quand elles entrent dans les ruches(1).

Les crapauds se placent quelquefois à l'entrée des ruches et happent les abeilles qui se laissent choir à leur portée. Il faut éloigner les crapauds du rucher, mais sans leur faire de mal, car ce sont de grands destructeurs de limaces.

(1) Pour plus de détails sur les maladies des abeilles, voyez Alb. Larbalétrier : *Comment on défend son rucher*. (La lutte contre les maladies et les ennemis des abeilles) 1 brochure (Librairie de l'Edition médicale)

TABLE DES MATIÈRES

PREMIÈRE PARTIE

Volailles, par E. PARADIS.

PARIS. — IMPRIMERIE GAUTHIER-VILLARS ET Cie
69658 Quai des Grands-Augustins, 55

www.ingramcontent.com/pod-product-compliance
Ingram Content Group UK Ltd.
Pitfield, Milton Keynes, MK11 3LW, UK
UKHW020555180726
13838UKWH00001B/256